即學即用兔兔飼育法‧晉升愛兔達人一本通

最新 | 最完整

愛兔 飼育照護 大百科

社團法人台灣愛兔協會 著／繪圖

晨星出版

聯合推薦序

※台北市愛兔協會已於2016年轉為台灣愛兔協會。

◎台北市動物保護處處長　嚴一峰

　　台北市動保處致力推廣飼主責任觀念推廣，不僅是犬、貓而已，更推廣到小動物的正確飼養，希望大家可以了解牠、照顧牠、愛護牠，最重要的是不要遺棄牠。

　　達到人與動物的和平共處環境，進而推動各項動物福利相關政策。

　　台北市愛兔協會致力於幫助需要關懷的兔子以及教育宣導，請大家多多支持愛兔協會，也不要再用舊觀念飼養寵物兔，想要如何正確飼養寵物兔，看這本就對了！

　　還有養牠就要照顧牠一輩子！

◎台北市獸醫師公會理事長　楊靜宇

　　不管你是想要了解兔子，還是已經被牠吸引即將飼養，更或是已經有一隻兔寶貝，這本書都非常適合你！

　　它網羅了關於兔子的各種觀念與介紹，不僅介紹了一般常見兔子的品種，也同時教導了兔兔畜主正確飼養觀念以及如何更了解兔子的各種行為，並且也深入講解了每位主人都有可能會遇到的生病照顧「愛兔飼育照護大百科」內容包羅萬象，是不容錯過的一本好書！

◎Taiwan SPCA

　　愛兔協會是個以關懷寵物兔為主旨的動物協會，他們在全台各地幫助兔子的貢獻及努力是不可被忽視的。當Taiwan SPCA有兔子相關的動物虐待案件時，愛兔協會是我們最常及優先合作的專業協會，更長年提供Taiwan SPCA充足且專業的寵物兔正確飼養資訊及幫助。我們深信為提升台灣的動物福利水平，我們需要更多像愛兔協會的團體存在。我們更期待這本書能讓讀者充分吸收所有飼養兔子的正確觀念，讓全台灣的兔子們都有寵愛牠們一輩子的好家人。

　　　　　　　　Taiwan SPCA執行長

　　　　　　　　　　　　副執行長

◎藝人　Lolita

　　雖然養兔子養了十幾年，可是每次人家問我有沒有什麼推薦的養兔書籍，我總是答不出來，這次聽說台北市愛兔協會要出書了，我感到十分的開心，因為愛兔協會真的是一個很專業的團體，除了兔子的救援和收容，也時常舉辦各種講座和到各學校機關宣傳正確的兔子飼養觀念，而且我自己一有問題，都會很不要臉的立刻打給理事長糖糖媽（害羞），感謝糖糖媽，我的兔寶寶不理不理明年要12歲囉！！很開心能為新書寫序，從此以後，如果有人問我哪本愛兔飼養手冊最好，我就可以毫不猶豫、大聲地說：「當然是愛兔飼育照護大百科呀！」

◎藝人　王俐人

　　愛兔協會是由一些養兔子的飼主們發現由於許多人的錯誤觀念或發現不當飼養但無處申訴等問題，因此決心組織台北愛兔協會。

　　協會的使命是以推廣正確飼養觀念並改善舊有錯誤的刻板印象～期望透過紮根教育來讓更多人理解生命的真諦。小兔子們跟你我一樣都是一個小生命。任何的生命都是珍貴的！希望每個人都會愛惜出現在你生命中的各個人事物。

　　請大家不要遺棄任何小生命～也以領養代替購買。

Love, Lisa　王俐人

◎網路人氣插畫家　四小折

　　很高興看到有這麼一群喜歡兔子的朋友，這樣的為了兔子而努力，教導著大家正確飼養、對待兔子的觀念，還辦各種活動、講座來宣導，我雖然偶爾會盡點棉薄之力，但他們所做的一切是我望塵莫及的。

　　全世界都有喜歡兔子的人們，並且跟兔子生活在一起，但各地的環境、氣候並不一樣，相信在他們的知識跟經驗之下，誕生的這本書，可以為大家帶來更多正確的飼養經驗，這將會是對台灣的兔子和主人（兔奴？）都有幫助的一本書。

【四小折繪本日誌 off60.com】

（依醫院第一字筆畫排序，相同則依醫生姓氏筆劃排序）

◎全國動物醫院　鄭玉津醫生

　　台灣的寵物兔風氣從無到有，從基礎到專業，作為一個執業十幾年的兔科醫師真的很榮幸能和大家一起見證這台灣養兔史的演化，不管是激動的吶喊、執著的堅持或是聳動的網路語言，這一切的出發點都是來自於大家對兔子義無反顧的愛，即使傷痕累累、曲高和寡還是要努力的往前衝！這是痴心寵兔人無怨無悔愛的付出。

　　大家不斷的再教育再進化，只為能幫這群沉默小精靈追求更完美幸福的生活，慢慢的這種想望終於把大家凝聚在一起有了組織，讓我們團結力量大，一起為兔兔的理想國努力築夢。

　　加油！

◎快樂動物醫院　林鈺倩醫生

　　小學時的我曾買過那個時代所謂的「迷你兔」（其實是還沒離奶的幼兔），年幼無知加上資訊缺乏，那隻可憐的小兔子沒幾天就上天堂了。現在的我是有在看兔子的獸醫，感嘆還是有人被商人的迷你兔騙了，還是有人說兔子不能喝水……。幸好有愛兔協會整理出這些必要又實用的飼養知識提供給大家，期望不要再有無辜的小生命犧牲了！

◎侏儸紀野生動物專科醫院　朱哲助醫師

　　伴侶寵物已經成為現代人最重要的心靈慰藉，但寵物的照顧與飼養尚未落實完善的教育，而造成許多的疾病以及意外。

　　寵物兔是目前特殊寵物當中飼養比例最高的種類，也因為牠們個性溫和、外型討喜而非常受寵物市場的青睞，如何照顧與飼養便是每個飼主最重要的課題。

　　台北愛兔協會致力於寵物兔飼養的教育宣導更不遺餘力，蒐集各方正確資訊嘔心瀝血編撰了「本書」，絕對是每位想要飼養寵物兔以及寵物兔的飼主們所不可或缺的手邊工具書，也希望藉此能讓疾病的發生以及不當飼養的機率降到最低，讓台灣的寵物福祉更往前邁進。

◎阿宅動物醫院　歐陽斌醫師

　　台灣養兔子的歷史從實驗動物、商業用途演變至近十年可說已成為狗貓以外的主流伴侶動物，這一路走來十分艱辛，不管是民眾的錯誤飼養觀念，或是早期獸醫師不了解兔子，讓許多兔兔生活得很辛苦。

　　現在有了愛兔協會整理的這些珍貴資料，真是成為我們兔兔醫院最好的衛教資料，也期望各位愛兔人能多多分享推薦。

◎聖地牙哥動物醫院　李安琪院長

　　我很榮幸能為本書寫序，這本愛兔協會經過長時間籌劃、嘔心瀝血的書，為兔子的全方位飼養指南，從兔子的品種、身體構造、什麼年紀該吃什麼、會得什麼疾病都詳細的描述得一清二楚。可以讓一般的家庭可以很清楚的評估該不該或甚至可不可以飼養兔子，而不是到養了以後才知道，原來除了兔子很可愛之外還要花費很多的心力去照顧牠，更不會因為對兔子的不了解而造成兔子的痛苦。

　　我們在醫療當中最常見因為飼養不當而造成兔子生病，比如只給飼料沒有給草，常常會造成牙齒以及腸胃道的問題，另外包括如何餵食、環境如何佈置以及一些常見疾病，在發生的初期飼主就可以馬上改善或帶到醫院就診等等問題，只要在閱讀過本書後很多問題應該都可以迎刃而解，站在愛兔者的立場真的是非常高興。

　　兔子的外表非常柔順可愛，大部分的人都無法抗拒，但是正確的飼養方式卻是非常重要的，快樂健康的兔子是每個人都希望擁有的，飼養小動物帶給我們的不僅僅是樂趣，還有生命的意義。希望每位愛兔者都可以藉由本書找到養兔子的最好方式，並且能與愛兔擁有長久的歡樂時光！

◎獴獴加動物醫院　邱建竹醫師

　　在這本書中詳細地撰寫出兔子應有的飼養管理與基本的醫療觀念，是一本簡單實用且可以讓主人們更加了解在飼養或醫療上可能存在的問題，養好牠們就必須做好功課才是牠們的好家人。

目次 Contents

Part1
認識寵物兔
你所認知的兔寶寶們，和你想的不一樣

鬼腳七（波蘭白兔）
收容所關懷案轉介安置。

兔子和你想的不一樣

　　先不論您是在什麼樣的情況下接觸到本書，請問您對兔子的第一印象是什麼？「白色、紅蘿蔔、溫馴、可愛、紅眼、臭、不用喝水⋯⋯」是的，過去以來舊時代農村社會所建立的錯誤飼養知識，即使到了二十一世紀的今天，依然充斥且影響著社會大眾，錯誤的知識導致錯誤的飼養和錯誤的社會價值觀。

　　本書的撰寫目的，就是希望透過這一塊小小的知識區分享，試著來改變與完成一些事情，讓書中的資訊成為所有新手、準備飼養者、關心寵物兔的民眾一個橋樑或出發點，讓正確飼養知識與生命尊重觀念傳播延續下去。

● 兔子很可愛，但你真的認識兔兔嗎？

「愛兔時代」網站，可上網了解更多深入的兔知識。

🐰 錯誤觀念滿天飛

　　記得小學時候的運動會，每次都吸引大大小小的攤商擠進校園，最受歡迎的一角，通常是販售小老鼠、小兔子等動物的攤位，小朋友們把攤販賣的小動物圍成一圈，好不熱鬧。如果問起該怎麼照顧小兔子？大概每個人都會這樣回答：「兔子愛吃紅蘿蔔，不能喝水，也怕水，碰到水會死掉。」

　　這樣的養兔方式根本大錯特錯，兔子不但可以喝水，也不能吃太多紅蘿蔔！兔子愛吃紅蘿蔔是卡通的誤導。畢竟以前的人養兔子是為了要吃兔肉，所以並不太在意兔子吃些什麼，而且民國六十幾年時華納卡通「兔寶寶」開始在台灣播放，劇中的兔寶寶愛吃紅蘿蔔，久而久之，大家就誤以為兔子愛吃紅蘿蔔。而這個誤會竟然還開始廣為流傳，幾乎成了飼養兔子的常識，實在令人

● 兔子需要喝水。

啼笑皆非。

　　可愛的兔寶寶總是能吸引無數目光，常有路人上前詢問：「兔子是不是不能喝水？」社會大眾對於兔子的誤解，讓愛兔人決定將正確的觀念宣傳出去，讓兔寶寶們可以正確地被對待，不再活得如此辛苦。

　　兔子、所有動物和人都一樣需要正常喝水，如果缺水，牠們的身體就會不健康。商人不給兔子喝水是因為不想讓兔子正常長大，以免戳破「迷你兔」的騙局。迷你的寵物看起來比較可愛，對商人來說比較好銷售，但其實根本沒有所謂的迷你兔，有的只是體型上的較大較小，而就連醫生也無法在幼兔時期判斷出兔子將來的體型大小。

● 你知道兔兔的食物其實是牧草嗎？

🐰 從小的錯誤教育

學校的錯誤教育是造成棄兔氾濫的原因之一。許多小學的生命教育或自然課程，經常將觀察小動物當成一種生命教育的作業，其中兔子的價格便宜、又不像貓狗會吵鬧，因此養兔子成了家長們幫小孩爭取高分的最佳選擇，可悲的是當作業完成之後，往往兔子也隨之遭到遺棄。更令人難過的是，有時連學校老師都不清楚正確的飼養知識，結果老師帶著學生一起錯誤飼養也渾然不知。

🐰 飼養牠，請好好照顧牠

不當的照顧方式，就是一種虐兔。

曾經有飼主從來不清理兔子的便盆，造成兔子雙腳長期浸泡在受汙染的環境中而必須截肢；也有小朋友不知道兔兔的骨頭相當脆弱，不小心將兔兔踢成癱瘓……。

現在有這麼多虐貓、虐狗、虐待動物的新聞發生，就表示台灣的生命教育還不夠成熟。身為父母也要負起相對責任，就拿學校的觀察作業來說，當作業完成，父母嫌照顧兔子麻煩於是丟棄，這種無形的舉動讓孩子內心萌生「隨意丟棄寵物沒關係」的想法，不認真看待生命的錯誤觀念也漸漸由此開始。

🐰 別讓自己成為棄養者

在台灣，寵物兔有所謂的棄養潮，時間從每年的六月份開始一直持續到十月為止。

許多新手飼主都是從大學時代開始飼養，當學生飼養行為臨近畢業時就面臨了許多困難：情侶分手、當兵無法養、家裡不同意養等，因此不負責的飼主們只好將牠們任意丟棄或故意遺棄在學生時代的租屋處、停車場，每年的棄養潮就這樣隨著學校的畢業季與畢業生進入社會而產生。

● 棄養潮的兔兔，經過本協會安置後進行送養。

寵物兔是怎麼來的？

　　寵物兔或家兔是指已經被人類馴化了的兔子，一般認爲牠們是由穴兔所馴化而來。家兔這一名詞並不符合生物學上物種分類的概念，所以家兔在生物科學分類上，並不被分入任何種或亞種，而是一種通俗稱謂。野生的各種兔隻被人類馴化後可以爲人類提供肉類、皮毛，其溫順的性格也可以當作寵物。

● 穴兔被認為是現今寵物兔共同的祖先。

🐰 起源與演化——西方論述

　　大多數的生物學家認為家兔的來源出自於野生的穴兔，並在約三千年前從歐洲擴散至地中海各個島嶼再逐次傳播出去。比較主流的看法是世界各地的家兔都起源於歐洲，特別是西班牙和法國等地。中世紀的法國僧侶們為了食用與獲取皮毛而開始馴養野生的穴兔，然後再逐漸通過絲綢之路傳向東方的亞洲國家。

🐰 起源與演化——東方論述

上述紀錄其實太過於歐美優越論述，並無法被其他較古老且有歷史紀錄的民族認可，至少中國遠在春秋時代（四千多年前）的文獻就有出現關於兔子的紀錄，中國成語「兔死狗烹」講述的正是吳越爭霸時代的歷史，因此對於所謂中世紀（約一千多年前），由法國僧侶馴養並通過絲綢之路傳向東方的說法相違背。

若以十二生肖的歷史背景資料反推，以「動物作天干地支代表」（東漢王充《論衡・物勢》載：「寅，木也，其禽，虎也。戌，土也，其禽，犬也。……午，馬也。子，鼠也，酉，雞也。卯，兔也……」）作為馴養證據的話，則漢代在中國也早應該就有了兔子的紀錄。因此部分學者持「多起源說法」的觀點，認為兔子並非由歐洲緣起，至少應該是整塊歐亞大陸的共同源起。

● 商周時期的玉兔紋。

🐰 兔子的世界拓展

　　至於其他地區的家兔歷史，則是直到十九世紀早期，才從歐洲隨著殖民政策被引進到新大陸（美洲大陸）。

　　一八五九年家兔開始從英國被帶入澳洲，部分逃到戶外的家兔變成了野兔，因為兔子的繁殖力很強數量激增，一時之間造成環境公害，直到一百多年後才逐漸被控制住。

Part2
兔兔的生理特徵 身體構造和生理特性

生理構造

眼睛：全方位視角
耳朵：聽覺、散熱
骨骼：輕巧靈敏但脆弱
毛髮：兔毛生長各階段

生理系統

呼吸系統：分辨可疑氣味
消化系統：各部位環環相扣
生殖系統：構造與辨識方法

萬家香（道奇兔）

中秋節被棄養拾獲救援兔。

眼

360° 的全方位視野

多數草食類動物為了提高生存率，並隨時注意四周潛在的危機，逐漸演化將主導視覺系統的雙眼向臉的左右兩側靠攏，並微微凸出於臉部的水平面，以換取更廣大的視角。

● 草食類動物的視覺系統長在臉部兩側。

反之大型肉食類動物（如貓科）因獵捕需求，主導視覺系統的雙眼則向臉部正前方靠攏。我們可以將其雙眼比喻為照相機的鏡頭：草食類動物的眼睛就像28mm以下的廣角鏡頭甚至魚眼鏡

● 肉食類動物的視覺系統長在臉部正前方。

頭，而肉食類動物的雙眼則像是220mm以上的高倍率望遠鏡頭。

● 兔子的雙眼生長於臉部兩側且微凸。

🐰 超廣角視野

　　兔子的眼睛基本上較大多數哺乳動物更靠近兩側，且得助於外突的眼球系統，牠僅僅靠單隻眼睛，水平視覺範圍就可以超越水平軸達到約192°，垂直範圍也趨近於180°，兩隻眼睛加起來幾乎是全方位的監視器，超廣角的視野如同兩顆攝影廣角鏡甚至魚眼鏡頭，可以輕易察覺身邊周遭的一切光影動靜。

單眼視線區
超過180°

視線交疊區
有立體感區域

● 兔子的視角解析圖。

影像立體感

但這樣的視覺系統設計犧牲了雙眼影像重疊而產生的立體感，兔子僅有鼻子前面30°左右的上方範圍內可以產生立體感，其他部位與下方都屬於僅有光影但無深度感覺的平面視覺。

兔子的許多行為都可以根據上述生理構造而獲得解釋：例如呼喊寵物兔時兔兔不需轉頭看你（因為直接就看得到）、想從後面偷偷靠近，兔子馬上跑掉（因為牠完全知道你在幹嘛）、兔子習慣向上跳躍（上層有立體感方便抓距離）、兔子若向下跳躍會非常遲疑總是聞很久才動作（因為下方抓不到距離）。

也正因為如此，飼主千萬不可以為兔子很會向上跳，就任意將兔子自高處向下落或放在高處任其跳下，因為缺乏下方深度距離感的兔子很容易因誤判距離而骨折或癱瘓。

兔子向上跳躍與向下跳躍
的行為差異影片。

🐰 視覺盲點

　　什麼是視覺盲點？請閉上或遮住您的左眼，用右眼專注看著下圖左邊的星星，一邊看一邊逐漸緩慢向圖案靠近，您會在某段距離（約10～15公分）發現右邊的星星消失不見。

　　看到了嗎？其實星星一直都在原處，只是當您在逐漸靠近圖案時，右邊的星星進入了你的右眼盲點，因此星星會從視覺中消失不見，這就是視覺盲點。

● 兔兔會利用鬍子幫忙探測，彌補視覺盲點。

　　舉凡雙眼系統都會有視覺盲點，兔子亦然。距離鼻尖5～10cm左右的範圍內是兔子兩眼都無法看到的盲點；嘴巴周圍與脖子附近也是無法看到的地方，因此牠們必須靠著嘴唇和鬍鬚來辨別、探測這個區域的狀況。剪掉兔子的鬍子會使牠失去小區域的探測能力，進而缺乏安全感甚至發生意外。

🐰 辨色能力

　　視覺系統構造中負責辨識顏色的部分為「錐狀細胞」，人眼的錐狀細胞依光色素的不同分為三種受器，分別接收光譜中的紅、綠、藍（色光RGB三原色）三主色，再由此三原色交疊出千萬色彩。而兔眼構造中的錐狀細胞只有兩個辨色受器系，因此僅能辨識兩個色光系統（綠、藍），因此兔子的辨色能力相對於人來說頗為糟糕。

● 人類的正常視覺。

● 兔子的視覺模擬圖。

🐰 小白兔的紅眼睛

紅眼白兔屬於遺傳白子化的演變種（如同人的白子一樣），白子化導致全身缺乏色素，因此眼睛內虹膜缺乏色素以至於眼內血管將血液的顏色透出，讓兔子的眼睛看起來就像是紅色一樣。白子化的兔子被刻意大量培養出來甚至單獨成為品種（紐西蘭大白兔），主要是為了方便科學或醫學的實驗觀察。

● 白子化的紐西蘭大白兔眼睛為紅色。

其實大多數的兔子眼睛都是有顏色的，根據愛兔協會二○一一年做的飼主大市調中顯示，紅眼睛的兔子只占了全部寵物兔不到8%。兔子眼睛共有藍色、茶色、黑色、灰色等顏色，甚至有單眼呈現雙色或左右眼不同色，都屬於正常現象。兔子眼睛的顏色和身體內的遺傳色素有關。

● 大部分的兔子眼睛都不是紅色的。

耳 面積大卻較為脆弱

🐰 一雙大耳朵

兔子的耳翼占總體表面積約12%。耳朵內有大量的血管散布可供兔兔進行體溫調節。同時也因為兔兔耳朵的血管清晰，因此許多醫師會由此進行注射和採血。

兔子的聽覺相當敏銳，聽覺頻率範圍約為64～64000Hz，其中1000～16000Hz是最敏感的範圍，在這個範圍內，家兔能分辨出大約3分貝左右的聲音。大多數的家兔品種都有一雙大耳朵，這對耳朵可以根據聲音來源的方向進行轉動。

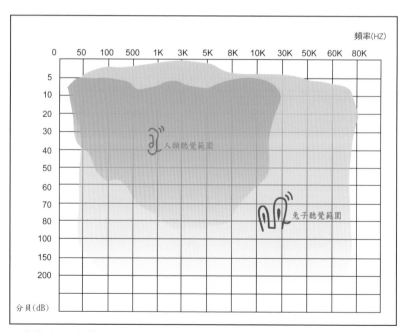

● 寵物兔聽力對照圖。

絕對不要抓兔耳

　　過去以來，農牧時代飼養兔子主要作為經濟用途，並未注意兔子自身的感受，造成許多民眾以為抓兔子只要直接抓兔耳就可以的錯誤觀念，影響之深成為一種刻板印象，甚至許多電影、卡通都呈現出抓提兔耳的畫面，雖然多數屬於無心傳播，但所造成的傷害幾乎都是不可逆、無法回復的，為了兔兔長遠的健康著想，請不要用手抓兔子耳朵喔！

呼吸系統　分辨可疑氣味

　　如同大多數的哺乳動物一樣，兔子也是藉由呼吸道吸入氧氣，並且通過肺部內的氣泡與紅血球運送來完成身體的代謝運作，兔子的肺是一對海綿狀器官，左肺分為二葉，右肺分為四葉。兔子肺部的多孔構造表面積若完全張開，則會比整個身體皮膚表面積大五十～一百倍。

肺臟的運作模式

　　空氣進出肺臟，要依靠肺的擴大和縮小來運作，但由於肺臟本身並無肌肉組織，所以它的擴大和縮小必須依靠胸腔的擴大和縮小。而胸腔的擴大和縮小，一方面是依靠肋骨位置的變換，同時也有賴於膈的升降。

　　膈為哺乳動物所特有，是鐘罩形肌肉質的隔膜。通常胸腔的擴大是由於膈的下降（膈肌收縮）和肋骨上提（肋間外肌收縮）的協同作用造成的；胸腔的縮小則是由於膈的上升（膈肌舒張）和肋骨牽引向下（肋間內肌收縮）相結合造成的。

心臟的運作模式

哺乳動物的循環系統都是完全的雙迴圈機制，心臟分為二心房二心室。血液從左心室流出，經主動脈流到全身，通過微血管由靜脈流回右心房，如此迴圈身體一周，稱為大循環（或體循環）。靜脈血從右心室流出經肺動脈流入肺，在肺泡微血管進行氣體交換，排出二氧化碳、吸入氧、成為動脈血後，經肺靜脈返回左心房，這樣迴圈一周，稱為小迴圈（或肺循環）。

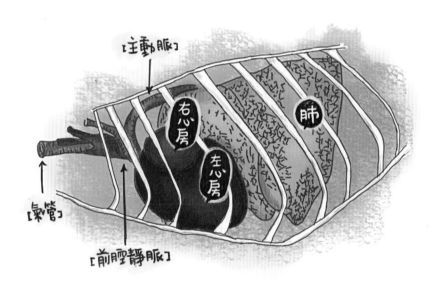

● 兔子的心臟構造圖。

🐰 鼻子是絕對的呼吸器官

　　正常兔子的呼吸動作都是以鼻子呼吸為主，鼻子上有靈敏的觸覺及嗅覺細胞可以協助兔子分辨出空氣中潛藏的各種味道訊號，主要用以辨識環境中是否有同伴或潛在肉食性動物的危險，當兔子分辨出不安或不喜歡的氣味時，會用力跺後腳以示抗議或直接跑走。

　　由於兔子是以鼻子作為絕對呼吸器官的動物，因此當家中的兔寶貝出現開嘴呼吸的動作時，表示兔子的狀況已經很危險，有嚴重的呼吸道感染或血紅素不足或無法吸到氧氣的狀況，需要立即就醫診治，甚至要立即給予純氧（氧氣維持箱）以維持生命。

● 正常兔子的呼吸動作是以鼻子呼吸為主。

消化系統　各部位環環相扣

　　兔子的消化系統約占身體體重15～20%左右，對於健康來說是非常重要的器官，可以讓較難消化的牧草等食物，經由口腔透過腸胃道，得以分解、發酵、轉換成可吸收的營養。

口腔

　　正常情況下，兔子的牙齒應該總共有二十八顆。其中上門牙有兩對，第二對上門牙被隱藏在外露門牙的後面，呈短小扁平狀，稱為「鑿齒」，而下門牙只有一對。上下門牙咬合時會形成剪刀作用，協助兔兔剪斷食物進食。

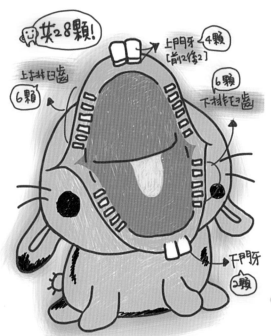

● 兔子的牙齒構造。

上下門牙與臼齒皆會終身持續生長，所以需要以啃食動作來磨牙。

兔子的門齒以垂直狀態磨牙，平日的啃咬動作即可達到效果，其他如磨牙棒、啃木材、咬家具等行為也可以磨牙（但僅限門齒）。

兔子的臼齒以水平狀態磨牙，因此僅能靠大量進食牧草的方式來完成，磨牙棒、啃木甚至家具等輔助工具都無法達到臼齒的磨牙效果。臼齒無法磨牙持續生長的話，齒根無論是向上或向下凸長都會有致命的危險。

部分寵物兔因先天或後天性問題使上下牙齒無法對合磨牙，導致咬合不正而出現暴牙（狼牙症）問題，下顎能夠自由地向前、向後及上下垂直活動，但向左右的活動則受到限制。兔子有四對唾液腺，分別為下顎腺，腮腺，舌下腺及顴骨腺。

● 咬合不正而出現暴牙問題。

🐰 胃

兔子在腹腔中最大的兩個器官分別是胃及盲腸。

當胃部膨脹時，或當毛球、氣體、肝腫大壓迫到胃時，都會導致幽門部的收縮以阻止胃裡的內容物排出。以解剖學的角度而言，由於賁門部及胃位置排列的關係，理論上兔子是無法嘔吐的。

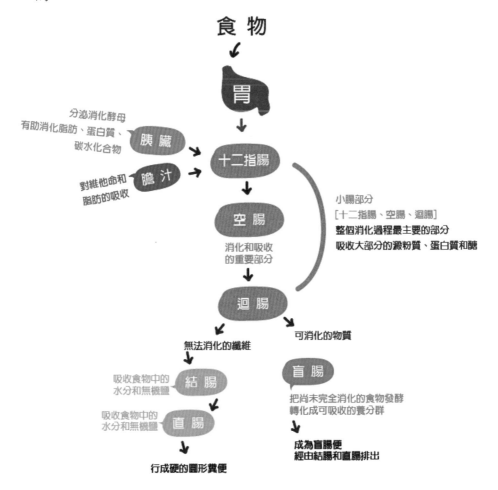

● 消化系統的工作流程。

🐰 小腸

迴腸的末端近盲腸處形成膨大圓小囊（sacculus rotundus）的結構。這是一個由大量的淋巴濾泡所組成的蜂窩狀結構，也是食入異物最容易阻塞的地方。

🐰 大腸

盲腸是兔子腹腔中最大且最突出的器官。

結腸肌肉的收縮可以導致食物中纖維及非纖維部分的分離，非蠕動性收縮將非纖維性顆粒與液體等反向送回盲腸，以便發酵作用的進行。

盲腸也可經由收縮，將它的內容物及發酵產物送入結腸，由肛門排出體外，再被兔子食入。這種可被重新利用的盲腸內容物又被稱為軟糞或軟便（soft feces）或盲腸便，這種糞便一般是呈串狀排出，其外觀很像葡萄一串串，又稱為葡萄便。而葡萄便（盲腸便）有其他必要的營養和維生素，兔兔吃下是正常行為，主人不必過於擔心。

🐰 胰臟、膽囊

胰臟非常分散，很難與其周圍的腸繫膜加以區隔。

膽管與胰管各由不同的開口進入十二指腸。

膽汁分泌膽綠素，而不是膽紅素。

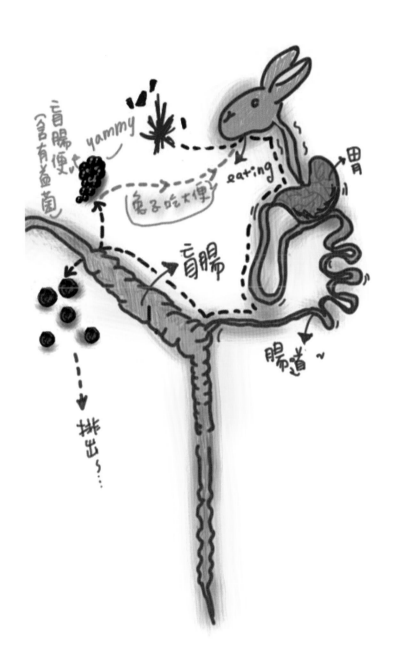

● 兔子食糞行為流程圖。

生殖系統 構造與辨識方法

🐰 母兔的生殖系統

　　雌兔的生殖管腔中缺乏子宮體，為兩個分離的子宮角各自擁有通往陰道的開口。

　　兔子是經誘發排卵，所以沒有發情週期。

　　雌兔的交配行為具有脊柱前彎（lordosis）的特性。

　　分娩前數天到數小時，雌兔會自牠們的腹部、側面、肉垂等處，將毛拔下做窩。雖然拔毛處的皮膚看似發炎，但這是一種正常行為。

● 雌兔將腹部、側面、肉垂等處的毛拔下。　● 拔毛處的皮膚看似發炎。

● 雌兔將拔下的毛做窩。

在哺育的過程中，嗅覺扮演著極為重要的角色。乳頭附近的腺體可分泌費洛蒙以吸引幼兔。

🐰 公兔的生殖系統

雄兔的陰囊位於陰莖前方，這種特徵與有袋類動物較相似。

● 兔子沒有陰莖骨。兔子的睪丸直到十二週齡時才降入陰囊中，但是鼠蹊管卻不會封閉。

🐰 辨識公母性別要點

1. 幼兔三～五個月時因睪丸尚未降入陰囊中，以至於不易分辨公母。
2. 成兔則使其呈坐臥姿，翻開尾巴後即能容易分辨。
3. 公兔有明顯陰囊，輕壓生殖器則見陰莖。
4. 母兔有一短小直線裂縫。

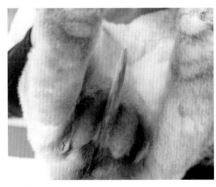

● 公兔。

● 母兔。

骨骼　輕巧靈敏但脆弱

　　兔子骨骼相較於其他寵物（如貓、狗）而言是非常輕薄且脆弱的，這樣的演化目的在於減輕體重，骨骼重量僅占全部體重的7～8%而已，以增加奔跑彈跳速度並躲避生存危險。

　　由於兔子的體重相當輕巧，移動慣性影響也相對變小，因此在行動中幾乎可以不減速而任意變換方向，以不規則的移動方式來躲避更高速度的肉食動物攻擊。

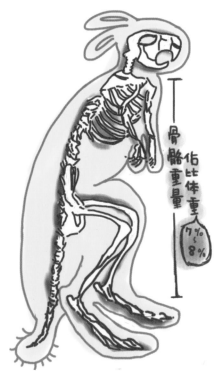

●兔子擁有相當輕巧的骨骼。

● 輕量化的骨骼讓兔子擁有瞬間加速與變換方向的優越性。

🐰 強而有力的後腿輔助

　　此外，兔子還有一雙強而有力的後腿，後腿可發出的瞬間力道超過前腳的二十倍以上，因此兔子的行動力以後腳為主，可以在沒有預備動作或助跑之下，隨時發動大約時速四十公里的瞬間加速。

🐰 脆弱的骨骼構造

　　但由於上述原因，兔兔天生四肢施力會不平均。在人為飼養時，後腳過大的力氣很容易導致自身受傷。例如飼主在抱兔子時若沒有將兔子適當地保定或穩固住下半身，則後腳空踢的動作往往造成兔子脊椎骨無法承受巨大瞬間壓力而破裂（幾乎總是發生在第七腰椎），導致脊髓的損傷甚至癱瘓。

此外，當進行部分醫療或餵食的保定動作時，若兔子堅決反抗，過大的力道也會有脊髓損傷的可能（通常出現在下壓式的保定法）。

飼主或醫療從事人員熟練且信任的嬰兒抱法，可以減緩這方面的問題。因此飼主無論使用何種方式抱起兔子，先穩定住兔子的下半身防止空踢，是相當重要的保定動作。

🐰 骨骼手術的風險

由於兔子的骨骼壁相當薄，因此若骨折受傷時都會伴隨程度不一的破碎性骨折。除主要較粗的支幹有可能使用骨板、骨釘等傳統方式做手術固定外，大多是無法復原的。即便做了骨板、骨釘的手術，因復原時期活動力導致骨壁或骨架崩裂的機會依然相當高。

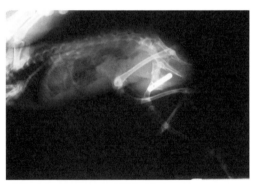

● X光片呈現腿骨接合手術常出現的崩裂。

🐰 骨折與自體復原

兔子骨折之後，自體復原的黏合力算是相當高，可以在很短的時間內長出新骨架並重新黏合起來。若扣除粉碎性骨折帶來的穿刺風險，一般來說，健康的兔子在一～二個月內斷掉的骨頭能夠自行黏合，並將患處包覆起來（骨痂）。不過通常這類的自體黏合會讓兔兔患處肢幹呈現不自然的外觀與外貌，例如V字腿、內交叉等現象，多多少少影響到兔子的後續活動能力。

考慮到外科手術可能發生骨架崩裂的風險，也有醫師主張兔子骨折應以自體復原方式為主，輔以外力姿勢固定，讓兔兔在復原後維持基本行動力即可。部分幼小兔骨折若自體黏合後，會因生長過程再度將骨頭拉直，甚至能回復到正常姿勢。

● 三個月大的幼兔，出現骨折情形。（鬼腳七／三個月）

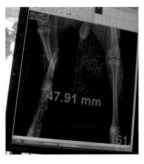

● 送醫診療，拍攝X光片檢查骨折狀況。

● 醫師可評估是否有必要進行手術。

● 採取自體復原後，自行黏合的腿骨因生長而拉直，回復正常姿勢。（鬼腳七／一歲）

毛髮　兔毛生長各階段

　　剛生下來的幼兔並沒有毛髮，大約一周內會長出乳毛，約三個月後脫去乳毛長出新毛，四個月到半歲左右再次換毛，這次換毛可視爲兔兔準備成年的標誌。

● 剛生下來的幼兔，還沒有長出毛髮。

● 第二次換毛之後，進入成年兔的階段。

🐰 母兔的大圍巾

兔子咽喉附近有一大圈皮膚皺摺，稱為「肉垂」（dewlap），這種被兔友暱稱為「大圍巾」的構造，在成年且未結紮的母兔身上更顯而易見。

懷孕的母兔會在分娩前將這區塊的毛拔下，鋪在兔籠中作為新生幼兔的巢穴。在較年長的母兔身上，肉垂可能變得極大甚至拖地，有時被誤認為腫瘤。

成年但實際未受孕的母兔，有時也會出現將肉垂上的毛拔下，並且連續好幾天都會有這樣的動作，稱之為「假懷孕」。有時假懷孕現象太誇張，兔兔的胸毛會完全拔光。

● 透過節育手術可以減少拔毛的行為。

● 兔子脖子附近的肉垂，像圍著圍巾一樣。

首屆會長

郭糖糖

郭糖糖是一隻在夜市彈珠攤內的獎品兔，店家以打彈珠積分送迷你兔的噱頭攬客，被帶回家時比正常人的手掌心還小，但可愛的時間總是很短暫，半年後郭糖糖就已經成長為超過4.5KG不可思議的大肥兔，飼主也在飼養過程結識許多熱愛動物的朋友們，並帶著郭糖糖參與了愛兔協會的立案經過，成為第一屆會長。

Part3
台灣常見寵物兔品種 品種
不是愛的絕對

> ### 寵物兔簡易分類
>
> 台灣沒有絕對純種的兔兔，大多數都以混種的居多，主要區分會以兔兔本身最清楚明顯的特徵作為定義。

花 園 （安哥拉兔）

經由其他動保團體救援後
轉介安置的兔兔。

寵物兔簡易分類概說

由於寵物兔並不在生物學物種分類的正式名詞中（僅被全數歸類在穴兔），因此對於寵物兔的分類，現行大多以美國家兔繁殖者協會（ARBA）所認定的品種（約50種）為主。

欲成為ARBA認定的品種，必須在相當的條件下持續繁衍好幾代，且維持其品種特徵不改變，才有可能被列入品種認定範圍。但部分品種之間僅有細微的差異，光憑網路上一兩張圖片加上簡單的字句翻譯，對於沒有長期接觸寵物兔的社會大眾而言，其實在辨識上有相當的困難度。

🐰 台灣以混種兔居多

在台灣地區，並沒有政府機關或具公信力業者、團體有效管理寵物兔品種，因此絕大多數為各品種混種交配的混種兔。且兔隻的基因有跳代、顯隱性、突變等生物特色，因此坊間常出現「白兔生黑兔、黑兔生白兔、長毛兔生短毛兔」等現象。

目前台灣地區唯一可以做到純品種鑑定的，只有國家生物中心與畜產實驗所內培育的紐西蘭白兔，以及部分眼科實驗計畫所使用的雷克斯兔。因此可以這樣說：台灣地區目前除了經濟類指定用途（如實驗／計劃）的兔隻外，坊間所見的寵物兔大多為各品種雜交產出的混種兔。

🐰 易於辨識的分類法

既然現行學理與技術上，對於台灣地區常見的寵物兔品種無法有效做出區隔與分類，因此台北市愛兔協會在二〇一〇年間，對台灣地區民眾的通俗名詞用語予以統整歸納與命名，將台灣地區常見寵物兔大致做了一個簡易分類。

● 不論哪種兔兔，都是受人喜愛的可愛好兔兔。

此套分類法為現行繁雜且標準不一的通俗分類規劃出一個有系統的方向，好讓社會大眾有一個基本方向來幫自家兔兔做血緣判定。本分類法則主要以易於外觀辨識為主要精神，與正統生物學或飼養遺傳分類無關。

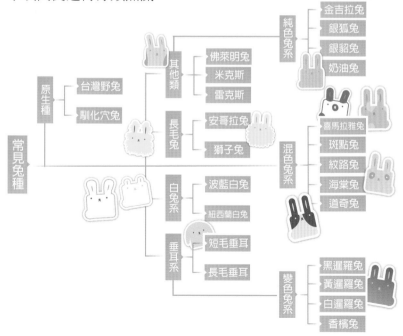

● 台灣地區常見寵物兔簡易分類一覽。

紐西蘭白兔

通俗分類	白兔系→紐西蘭白兔
其他俗名	大白兔、實驗兔、肉兔　　　體型大小　中大、大
外觀特徵	全身雪白、體格壯碩、眼睛呈紅色、眼球略呈上吊狀。
毛色特徵	全白、短毛。
性格特徵	好奇心超強、愛玩耍。

　　台灣地區常見的紐西蘭兔絕大多數為實驗室流出，由於實驗室均統一採買國家特生中心所飼養的實驗兔，因此品種相當純。台灣肉兔場亦大多飼養紐西蘭白兔作為經濟用途，不過從兔場流出機率不高。大白兔紅眼睛的原因，是因為本身基因無色素，即為生物學中的白子，紅眼是血液流過眼瞼微血管時所產生的透色現象。

波蘭白兔

通俗分類	白兔系→波蘭白兔
其他俗名	小白兔、迷你白兔、波麗敘兔　體型大小　小、中小
外觀特徵	全身雪白、耳朵短、臉圓、眼睛有黑、藍、褐等色系。
毛色特徵	全白、短毛。
性格特徵	膽小、喜歡縮成一團。

雖然正規白兔尚有許多品種，但通俗分類將體型小、臉圓、耳朵短的白兔統稱為波蘭白兔，以方便作為辨識。

身材五短是波蘭兔的特徵，因此波蘭白兔成為相當受歡迎的品種。不過不肖業者常以紐西蘭白兔幼兔混充波蘭白兔販售。

海棠兔

通俗分類	混色系→海棠兔
其他俗名	黑輪兔、熊貓兔　　　　　體型大小　小、中
外觀特徵	圓臉、短耳，僅眼睛四周為黑色毛髮。
毛色特徵	白色系、短毛。
性格特徵	活潑好動、與人親近。

好奇心極強，是有名的好奇寶寶，喜好探究主人的行為並跟隨行動，活動性極強，活動範圍亦很廣大。喜愛主人的擁抱，若減少對牠的關愛便會發脾氣。

獅子兔

通俗分類	長毛兔系→獅子兔
其他俗名	無　　　　　　　　體型大小　中、中大
外觀特徵	脖子四周有一圈長毛、身體四周有一圈裙子毛、頭頂的長毛變成瀏海。
毛色特徵	純色多色、混色多色。
性格特徵	活力十足、調皮。

獅子兔擁有非常帥氣的瀏海可供主人作造型，不過眼睛四周比較容易因毛髮細菌引起感染。換毛季節也需要注意梳毛與維持整潔。

道奇兔

通俗分類	混色系→道奇兔
其他俗名	荷蘭兔、圍巾兔　　　　　體型大小　小、中、大
外觀特徵	圓臉、小耳、色塊分明。
毛色特徵	短毛、多色系。
性格特徵	膽子大、性情穩定、與人親近、聰明且與人互動較好。

道奇兔是世界上最廣泛的寵物兔種，最大特色就是臉部中間的白毛將臉部分成左右兩塊，而身上一圈又一圈的分明色系也是特色之一。通常道奇兔脖子後方的第一圈毛顏色為白色，很像圍了一條白色圍巾，故有「圍巾兔」的稱號，但這跟母兔子長圍巾的現象無關喔！道奇兔幾乎是迷你兔的代名詞，不過也有三公斤以上的大型種類！

雷克斯兔

通俗分類	其他系→雷克斯兔	
其他俗名	緞毛兔、絲絨兔	體型大小　中、大
外觀特徵	長耳、略尖臉、眼睛黑而明亮。	
毛色特徵	濃密短毛、細緻而有亮光、毛色混合而多樣。	
性格特徵	溫和、害羞、與人親近。	

全身覆蓋著短而柔軟的細毛，起初培植此品種目的是為了取得其毛皮而加以改良。隨著時代變遷，漸漸轉變為擁有高調質感的家庭寵物兔。雷克斯兔的色系相當多樣，因此無法以身上的顏色、色塊或體型來區分。在分辨上大多以雷克斯身上特有如綢緞般的亮麗毛色來辨識，另外帶有捲曲像燒焦一樣的鬍子，也是雷克斯兔的特色之一。

安哥拉兔

通俗分類	長毛兔系→安哥拉兔
其他俗名	長毛兔、波斯貓兔　　　　　　體型大小　中、中大
外觀特徵	略呈三角形的立耳、全身長有柔軟的長毛。
毛色特徵	純色多色、混色多色。
性格特徵	相當有自我個性。

安哥拉兔又可再細分美種、法種等多品種，不過通俗分類中均以安哥拉兔作統稱。飼養安哥拉兔相當有成就感，不過相對也非常耗費心力。擁有一隻照顧得美麗又好看的安哥拉兔，主人通常都會非常地以兔兔為傲！

垂耳兔

通俗分類	垂耳兔系→長毛垂耳兔
其他俗名	美種垂耳兔、費斯垂耳兔（長毛垂）
	荷蘭垂耳、小垂垂（短毛垂）
體型大小	小、中、中大
外觀特徵	雙耳下垂、圓臉、擁有柔長的毛髮，有長毛、短毛之分。
毛色特徵	純色多色、混色多色。
性格特徵	有圓圓的臉和無辜眼神，常是最吸睛的兔種，活潑親人的個性並不會因為長短毛之分而有所改變。

長毛垂

短毛垂

金吉拉兔

通俗分類	純色系→金吉拉兔
其他俗名	灰兔、雪兔、金兔、大野兔、大家兔
體型大小	中、大
外觀特徵	長耳、尖臉。
毛色特徵	有銀灰與黃褐兩個色系,特色為兩層毛色,通常是白色底毛披上銀灰或黃褐的外毛,肚子部分呈白色。
性格特徵	自我保護重、活力十足、喜歡豎起耳朵觀察周圍。

黃褐色系母兔若是體重過重又沒結紮,那麼兔兔的圍巾通常都會變得超級大!

喜馬拉雅兔

通俗分類	混色兔系→喜馬拉雅兔		
其他俗名	五黑兔	體型大小	小、中、中大
外觀特徵	臉偏圓、中短耳、四肢稍短、眼睛為略帶寶石紅色的黑。		
毛色特徵	短毛、雙色、身體為白色、四肢與耳朵為黑色。		
性格特徵	個性溫和親人。		

喜馬拉雅兔是相當古老的品種，也是變色兔系的血統始祖。其特色為前腳與後腳的前端、耳朵的尾端、鼻子前端、尾巴尾端都是黑色，其他的地方皆為白色，又稱之為五黑兔。

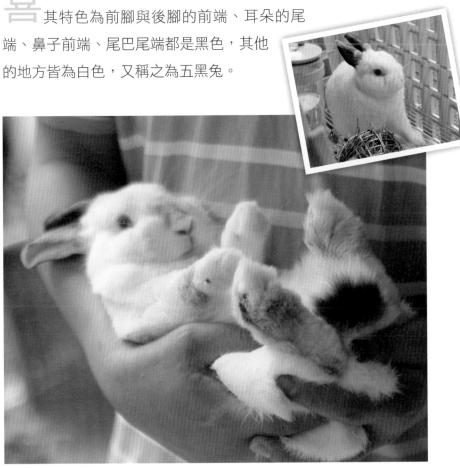

暹羅兔

通俗分類	變色系→暹羅兔
其他俗名	漸層兔、神秘兔、泰國兔　　體型大小　小、中
外觀特徵	圓臉、短耳。
毛色特徵	漸層色系（黑-灰、咖啡）、短毛。
性格特徵	個性溫和，和活潑的兔種相較之下較內向。

變色兔系最大的特點就是身體的毛色會隨著天氣而改變。通常口鼻、耳朵、以及四肢末端都會隨著天氣而變色（越冷越黑），而變色末端與軀幹的主色之間所呈現的漸層色就成了暹羅兔最大的特點。由於混有多個品種的基因，幾代之間的色系與外貌變異頗大，因此尚未被ARBA列為標準品種。

奶油兔

通俗分類	純色系→奶油兔
其他俗名	橘兔、金兔　　　　　體型大小　中、中大、大
外觀特徵	尖臉、大耳、體格強壯、眼睛四周帶有白色邊毛。
毛色特徵	短毛、白橘雙層色系。
性格特徵	較神經質、略兇。

過去大多被歸類為單色系的一般家兔（大兔子），其實奶油兔是相當有個性的兔種，會無預警地偷偷咬人。只有真正用心照顧的主人，才可以看到牠展現出黏人愛撒嬌的一面。奶油兔眼睛周圍以及肚肚的毛髮是白色的喔！

銀狐兔

通俗分類	純色系→銀狐兔
其他俗名	老鼠兔、灰兔　　　　體型大小　中小、中
外觀特徵	毛色發亮、平順、色澤為帶有藍色的深灰色，眼睛有黑色與藍色兩種。
毛色特徵	短毛、單色系。
性格特徵	親人、乖巧。

若不是尾巴的長短差很多，愛靜靜縮在角落的銀狐兔還真像一隻灰老鼠！相當柔軟的兔毛是帶有藍色的深灰色，協助銀狐兔在自然界有了一層岩石般的保護色，常常會讓飼主不自覺地多撫摸牠喔。

銀貂兔

通俗分類	純色系→銀貂兔
其他俗名	黑兔、銀兔　　　　　　體型大小　小、中小、中
外觀特徵	毛色黑而發亮、平順，同時帶有白色邊毛、眼睛有黑色與藍色兩種。
毛色特徵	短毛、雙層色系。
性格特徵	冷靜、乖巧。

　　一般人很容易將銀貂兔與雷克斯的黑色系兔搞混，或者因為名稱而與另一品種銀狐兔混淆。銀貂兔在台灣算是比較少見的寵物兔種，因此在各種兔聚場合都相當受到兔友的矚目。

比利時兔

通俗分類	原生系→比利時兔（穴兔）
其他俗名	小野兔、假野兔　　　　　**體型大小**　小、中小
外觀特徵	短圓耳、圓臉、眼睛黑而明亮、色系較像黃褐色的野兔。
毛色特徵	兩層毛色（白底、黃褐外毛）。
性格特徵	喜歡團體、活潑好動、與人親近。

穴兔是世界上所有寵物兔的祖先，在人類馴化寵物兔的過程中，有一個系列被以原始樣貌保留了下來，稱之為比利時兔或是馴化穴兔。通常寵物兔挖洞的動作，是表示不開心、想離開、想逃避等；不過比利時兔卻是非常喜歡挖洞，即使面對磁磚、水泥等無法開挖的地板，牠也會挖得非常開心。比利時兔與真正的野兔除了外觀類似外，其他部分都是完全不同的，真正的野兔屬於野兔屬而非穴兔屬，四肢與軀幹都比較細長，而且野兔不會挖洞。

紋路兔

通俗分類	混色系→紋路兔
其他俗名	混種家兔、線條兔、鬍子兔　體型大小　中大、大
外觀特徵	尖臉、大耳、體格強壯、後腳較長，身上有斑紋，背部有一條直長的色系花紋。
毛色特徵	純種紋路兔為黑白色系，亦有其他混色種。
性格特徵	膽子大、性情穩定。

紋路兔與斑點兔的混種，在台灣大部分被稱為混種家兔，由於血統已經被私人繁殖得快分不清了，身上都有各色色塊、紋路、還有臉上的鬍子斑點、黑輪斑點等。因此較簡易的通俗分法就是看背後的那一長條紋路，有明顯的長條毛色就歸類為紋路兔，而沒有長條毛色的就歸類為斑點兔。

斑點兔

通俗分類	混色系→斑點兔
其他俗名	混種家兔、花兔、老爺兔　　體型大小　中大、大
外觀特徵	尖臉、大耳、體格強壯，身上有各色斑紋。
毛色特徵	白、黑、黃、灰。
性格特徵	膽子大、性情穩定。

紋路兔與斑點兔的混種，在台灣大部分被稱為混種家兔，由於血統已經被私人繁殖得快分不清了，身上都有各色色塊、紋路，還有臉上的鬍子斑點、黑輪斑點等。因此較簡易的通俗分法就是看背後的那一長條紋路，有明顯的長條毛色就歸類為紋路兔，而沒有長條毛色的就歸類為斑點兔。

台灣野兔

通俗分類	原生種→台灣野兔		
其他俗名	野兔	體型大小	中小
外觀特徵	短毛、四肢較寵物兔長。		
毛色特徵	黃褐色。		
性格特徵	活潑好動、彈跳力驚人。		

台灣野兔非穴兔屬,因此不會像寵物兔一樣有挖洞行為。野兔一出生即有毛髮,並在短時間內就睜開眼睛且爬出巢穴。平常為夜行性動物,棲息於草叢灌木間。台灣野兔的外型與色系和黃色金吉拉兔相近,也跟馴化穴兔非常像,只是體型較瘦長、四肢也比一般寵物兔較長。台灣野兔是台灣目前唯一的特有亞種,算是一種特有生物,不過原始棲息地被人類以及馴化穴兔、放生家兔占據,族群正在減少中。

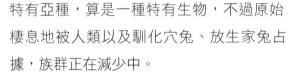

愛兔協會歷屆會長介紹

第二屆會長

吳地瓜

地瓜是一隻寵物店即將丟棄的兔子，因為當時賣相差，且逐漸長大更賣不出去，所以店家打算拿去餵店內飼養的蛇或送掉，後來地瓜被Tina領養回去照顧，已經變成現在胖嘟嘟的可愛模樣囉！

Part4
養兔新手須知 養好兔兔並不難，重要的是怎麼開始

> ## 新手該知道的事情
>
> 飼養之前先做好功課，了解正確的
> 觀念、破除舊有迷思、知道自己是
> 否為高危險飼主。

金牛角 （紐西蘭大白兔）

被棄養在三峽某地，經由通報
救援後轉介安置。

飼養兔兔的正確觀念

　　兔兔是比貓狗更容易入門飼養的寵物，擁有正確的觀念，才能夠好好照顧毛小孩的一生。養兔兔並不難，把握幾個飲食和照顧原則就容易上手囉。

飼養前的準備

　　家裡迎接新成員，應該事先做好心理準備，例如一隻兔兔的壽命可以長達八到十年，是否有心理準備與牠共度一生？另外還有經濟上的準備、飼養時的必要物品等，例如籠子、飲水器、食盆等。

🐰 首次飼養預算清單

在準備飼養之前，可以
先列出需要準備的費用，例
如物品和耗材的經費。

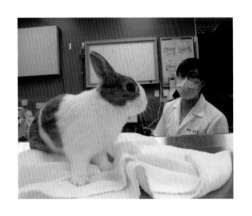

在醫療費用方面，必須
準備第一筆的健康檢查醫療
費用，每半年還有大型健康
檢查，以及固定儲蓄以備不
時之需。

🐰 擬定愛兔功課表

> 日：養兔兔每天的功課是什麼？
>
> 週：一週一次的愛兔固定內容
>
> 季：每三個月做哪些事情？需要注意什麼？
>
> 年：一年一次的大事項，你做好準備了嗎？

做好心理和生理上的準備後，找到和自己看對眼的兔兔，就
好好愛牠一輩子吧！

🐰 五個飼養前的正確心理

　　不論飼養哪一種寵物，最重要的是正確的心態。有沒有辦法為牠們負責一輩子不離不棄，是最重要的問題。以下是五個提醒，您準備好了嗎？

☑寵物不是玩具

　　許多人飼養寵物的行為常來自於一時的衝動，誤以為帶回家的寵物都會如想像中的乖巧可愛，但偏偏寵物是有靈魂的個體，有自己的思想、行為與脾氣。請不要以好奇心的玩玩具心態來飼養，玩具玩膩了可以丟棄，但生命卻無法重來。

☑確保全家人的歡迎

　　請務必確認寵物未來會是家族的成員，而不是自己房間內的私人物品。有太多太多案例顯示飼主與家人間的溝通不良，導致許多貓、狗、兔被家人棄養甚至衍生家庭問題。請明白一件事：對寵物自私的愛並不會帶給牠真的幸福，只有生活環境周遭的家人一起愛護，對寵物才是真正的幸福。

☑飼主與家人的身心健康

　　飼養寵物絕對會有換毛期的大量脫毛以及飼養氣味等問題，這個狀況請務必先做好評估，只要自己或家人有氣喘、過敏等疑慮，就不要堅持飼養。飼養之後才以這一類問題怪罪寵物並棄養，是非常不道德的。

☑ 經濟能力的負擔

養寵物不是只有取得、設備、飼料的花費而已，飼養前是否已經完整地查詢過各種疾病的醫療和照顧費用，甚至晚年的安寧與喪葬費等。若您沒有穩定且獨立自主的經濟來源，請不要因為自私而讓動物與您一起受苦。

☑ 終身照顧的約定

一般來說，每隻寵物（犬、貓、兔）正常飼養下至少都會有十年或更久的生命週期，因此在決定飼養之前，飼主們一定要再次確認已經準備好接受這十多年的付出，甚至年老傷殘後的護理與陪伴。

我是高危險飼主嗎？

所謂高危險飼主並不代表飼主本身不好，而是指飼主本身的外在因素或環境因素，導致未來有潛在無法繼續飼養原因，這些大部分不是飼主自己本身願意，但卻又因環境無奈下被迫中斷飼養。

根據愛兔協會二○○九～二○一一年間針對愛兔之家收容的棄養兔，追溯棄養原因歸納出幾種明顯的高危險飼養族群，若您也是其中一種，請務必先了解未來必須面對的壓力，及早準備處理，可以大大降低不必要的棄養風險。

飼養高危險群的典型特徵如下：

🐰 校園觀察飼養　危險率　★★★★☆

以校園（大多是幼稚園、小學）觀察為主的飼養行為，尤其在教室或學校內飼養寵物兔，大部分在學期結束或畢業後，面臨沒人認領飼養的情形，甚至被師長或家長直接棄養。原本應該提供正確觀念的教育場所卻變成棄養示範，是非常嚴重的問題。

🐰 學生時代的飼養　危險率　★★★☆☆

大多數人首次飼養行為發生在大學住宿期間，在外住宿的學生開始擁有自主空間，飼養寵物的行為也因此而生。畢業後回鄉若遭到家人強烈反對，此時就引發了棄養寵物潮。

🐰 情侶共同飼養　危險率　★★★☆☆

小情侶將共同飼養寵物當作定情行為，或是以贈送寵物兔作為禮物屢見不鮮。濃情蜜意時以共同照顧當作生活情趣，一旦發生情變或分手，寵物往往變成無辜的犧牲品。就算其中一方願意繼續飼養，當未來新的另一半出現時，總會提出棄養的要求。

🐰 新婚夫妻飼養　危險率　★★★☆☆

許多新婚夫妻一開始並不會遭遇到太多的飼養問題，但當開始懷孕準備生小孩時，雙方長輩會以小孩健康為前提要求停止飼養，即使事實證明兔子對懷孕生子不會有影響。在認養網站與民眾自助送養會現場，因為懷孕而必須棄養的個案比比皆是。

🐰 租屋飼養未知會房東　危險率　★★★★☆

目前市面上的出租套房、雅房大多禁止飼養寵物，雖然有的房東會睜一隻眼閉一隻眼，一旦其他房客抗議時，就可能導致棄養問題。其實租屋或飼養前只要誠實告知房東，讓房東和其他房客了解兔子的乾淨與可愛，加上飼主認真維持環境整潔，多數人還是可以接受的。

🐰 飼主未幫寵物結紮　危險率　★★★★☆

飼主往往低估了寵物兔的生育能力，甚至認為只養一隻不需要結紮。但常常等到意外懷孕（例如參加兔聚沒注意到、幫兔友照顧發生隔籠交配意外）時才後悔，意外出生的幼兔就產生了送養的問題。其次未結紮的母兔發生病變時，龐大的醫療費用或護理過程會讓部分飼主卻步，甚至選擇棄養。

🐰 家中已有其他寵物　危險率　★★★☆☆

大多數的兔兔並不適合與其他貓狗寵物共處，甚至會引發生命危險，這是食物鏈的天性請勿輕易嘗試。也許您的狗狗很乖沒有攻擊性，但是熱情的狗狗會想找兔子玩耍，天性膽小的兔子很可能會過度緊張而四竄，發生撞擊或摔傷意外甚至驚嚇過度休克致死。而貓咪喜歡追逐會動的物體是天性，一不注意就可能發生貓兔互相攻擊的意外。

🐰 家人不支持　危險率　★★★☆☆

即使飼主擁有豐富的飼養知識與經驗，也具備獨力負擔一切的經濟能力，但寵物兔本身若無法獲得其他家人的認同或協力照顧，就會變成「有主人的家庭孤兒」，這種情形也屬於高危險族棄養群之一。有時家長會以課業為由或趁飼主外出代為照顧期間偷偷棄養，謊稱兔子跑掉或遺失，這都是常見的現象。

破解錯誤觀念

　　由於台灣地區過去對於兔子的飼養以經濟畜養爲主，並不注重兔子的健康照顧或終老保養，因此許多來自父執輩的錯誤觀念一直影響著現代社會，導致大多數的人不會飼養或錯誤飼養，造成不少因缺乏知識而發生的虐待動物案件，或持續認爲兔子是不好養的動物。

　　當兔子逐漸成爲寵物的時候，許多老舊觀念或錯誤知識都需要被逐一改進與更正，讓社會眞正地認識寵物兔，並逐步建立一個友善寵物兔的和諧社會。

坊間盛行的錯誤觀念

* 兔子不用喝水？
* 兔子吃紅蘿蔔？
* 兔子眼睛都是紅色？
* 兔子碰到水會死？
* 白腳招來厄運？
* 迷你兔不長大？
* 養兔子會很臭？
* 養兔子會破財？
* 養兔子會感染皮膚病？

🐰 兔子不喝水？自然課還給老師了！

　　過去經常聽到人說兔子不用喝水、喝多會拉肚子等，其實這樣的觀念是錯誤的。由於兔子的排尿屬於濃縮性，當環境水分不足時，身體會啟動特殊機制強迫回收所有液體使用，所以人們經常誤認為兔子對水分的需求很少（其實是因為野外環境而不得已）。而且在野外的兔子會吃清晨植物剛長出的嫩芽，並順便舔食露水而得到水分。

　　家兔（寵物兔）所吃主食為牧草及專用飼料，食物內不含水分，所以飼主一定要提供乾淨的飲水讓牠們飲用。尤其是寵物兔被大量改造與繁殖後，腸胃道的弱化十分嚴重，對於生水內所含的細菌抵抗力極差，因此給予煮沸待涼後的開水才可確保兔兔的健康。

● 兔兔舔水。

舔水的兔兔影片。

🐰 兔子吃紅蘿蔔？卡通惹的禍！

大約五○～七○年代，美國經濟大起飛且十足富裕，當時美國小孩都只喜歡吃肉食而不願意多吃青菜，體重破百的胖小孩四處可見。政府為了解決此一現象而大力推廣吃青菜蔬果的

兔年寵物兔夯，獸醫師提醒注意事項（news-人間新聞）。

計畫，執行的重點自然就放在小孩最喜歡的卡通上面。所以當時許多卡通都跟吃蔬果有關，最有名的就是愛吃菠菜的大力水手、吃紅蘿蔔的華納兔寶寶、吃香蕉的金剛，而老叼著大塊肉的惡犬則成為反派的象徵。

這樣的影響透過卡通深植人心，且隨著美國文化傳播到世界各地而相當廣泛地被接受，導致台灣老一輩的民眾認為兔子吃地瓜葉（農業社會影響）；中壯年一代卻認為是吃紅蘿蔔。

事實上，兔子屬於草食性動物，無論是野生或被飼養，主食都是各式各樣的草類，絕對不會只吃紅蘿蔔而已。

🐰 兔眼都是紅色的？不一定！

兔兔的眼睛不一定都是紅色的喔！兔子身體裡含有各種色素，小白兔是屬於不含色素的品種（白子），瞳孔的膜（虹彩）是透

明沒有顏色的，我們所看到的紅色是血液的顏色，並非其眼睛本身的顏色所致，也不是因為吃紅蘿蔔眼睛才會變紅色的！

🐰 兔子碰到水會死？誤傳！

到底要不要幫兔子洗澡？這個問題的確在兔友圈有非常大的爭論，因為有部分飼主家的兔子愛洗澡甚至愛玩水與游泳，但也有兔子一被潑到水就會緊張地抗爭甚至抓狂四竄。

兔子碰到水當然不會死，不然兔子怎麼喝水！這一點是無庸置疑的，水本身並不會對兔子造成傷害。過去有這種傳言是因為洗澡過程所引發的種種意外，最常見的是兔子因為緊張而從浴盆（或洗手台）跳出摔傷、清洗不乾淨舔入清潔劑、毛髮沒有完全吹乾導致生病，甚至洗澡的過程導致兔子太緊迫而休克等，因此有了兔子不可以碰水的錯誤觀念。

基本上兔子是一種很愛乾淨的動物，無時無刻都會整理自己的身體並保持乾淨，所以目前大多數的飼主或獸醫師都同意可以不用幫兔子洗澡。飼主只需要保持飼養環境的整潔就可以，頂多協助整理一下兔子清不乾淨或整理不到的地方，例如過度糾結、排泄處，可以用寵物專用的毛梳將毛梳開，或者直接將糾結的毛髮剃除，讓兔子維持自己整理身體的習慣。

🐰 白腳招來厄運？民間迷信！

許多人都知道若毛小孩是白腳，則經常會被講成帶來壞運，以至於收容所或路邊出現大批「白腳」的貓狗甚至兔

● 道奇兔也都是白腳一族。

● 白腳的兔子也很可愛。腳不夠白還稱不上是漂亮的銀貂兔呢！

子、天竺鼠，事實上眞相是如何呢？

　　有獸醫表示，白腳底的狗通常比較聰明。邊境牧羊犬、喜樂蒂牧羊犬、米格魯獵犬這類的狗通常是白腳底，因此大部分反應佳、學習能力強的狗都是白腳居多。

　　在日本，動物白腳是帶著幸運的胎記，尤其白兔可是幸運象徵。在台灣只因風俗民情不同，老一輩的人穿鑿附會而覺得不吉祥。

　　以寵物品種認證來說，黑貓有白蹄及白肚，稱爲「雲蹄」，可是上選，有句諺語「黑貓白肚，值錢二萬五」。而進口的杜賓、紐伯利頓等護衛犬中，有很多都屬雲蹄。寵物兔的部分，一些特殊品種如奶油兔、金吉拉兔、銀貂兔等品種也都是用白腳白肚的「雲蹄」來作認證。

　　毛小孩的白腳其實只是生物基因的自然結合而已，與家人幸不幸運一點關係都沒有。動物又不能決定自己出生時的顏色，就像我們不能決定自己的長相、美醜是一樣的道理啊！會想出動物

「白腳」遭致不幸的傳聞，說穿了只是民眾為棄養行為找一個合理化的藉口。

🐰 迷你兔長不大？廣告手法！

正常寵物兔無論體型大小，成兔後正常的身長（由鼻頭端到尾巴底）至少要足三十公分，若超過一歲齡的兔隻身長仍在三十公分以下，應該都屬於基因病態。

● 杯子兔會長多大？

水桶兔要滿出來了。

這類寵物兔通常伴隨許多基因缺陷，並在某個年紀或時間點陸續發病，較常見的是骨骼缺陷導致的開肢症、臉部短吻（過於圓臉的兔）而造成口腔擠壓後的暴牙、臼齒無法磨合、內分泌異常引發常態緊迫的暴眼等，或腸胃道弱化而短命。過於小隻的兔兔，大部分的症狀都會在三歲後陸續發生甚至同時發作。

　　就跟人類一樣，在同一個民族、甚至同家族內，可能有人身高超過200公分，也有人不到160公分，但我們並不會將這兩個人

● 同一個品種的兔兔也會有體型大小的差異（道奇兔）。

誤認爲不同人種，會非常清楚這只是身高體重的差異而已。

　　兔子也一樣，同一個品種內的成兔會有身長30公分的小型兔，也會有身長超過50公分的大型兔。因此我們也不可以將這兩隻兔視爲不同品種，應該要明白這只是來自父母遺傳的身高體重差異而已。

商人的操作方式

　　兔齡兩週左右的幼兔開始學習啃食（此時尚未斷奶），溫馴、沒有攻擊性、「賣相」最佳，廣受一般民眾喜愛。因此商人將這些乳兔當做三個月已斷奶的小兔販售，並搭配「長不大、掌中兔、杯子兔」等廣告手法加以促銷，加上價格非常便宜（相對於貓狗），大多數民眾又誤以爲很好照顧，很多父母就會買下小兔當作玩具送給小孩。

● 生命被商品化與玩具化，成了用後即丟的消費品。

● 乳兔自離乳開始長大到成兔，只需要四個月。

台灣社會的「寵物戀儒癖」

　　台灣有一種極度病態的社會偏差價值觀，稱為「寵物戀儒癖」。這個現象幾乎深植在每個社會大眾的心中，認為寵物就一定要溫馴、可愛、毛茸茸甚至嬌小，也因此大量的「病態物種」被繁殖者不斷繁衍出來。

　　例如口袋犬、折耳貓、無耳兔等，這些「病態物種」大多是基因缺陷或應該被淘汰的不良種，卻因為法令尚無法懲處，且無法界定是否涉及虐待而被保留並不斷針對缺陷繁殖，更有甚者以人工方式加工，例如遭減音手術的無聲犬、無耳兔等。這個社會變態行為在體型越小越好、聲音越小越好、外型越奇特越好的原則下，這些該譴責的行為被遺忘，並不斷銷售……

● 戀儒癖繁殖下的產物：開肢症（左圖）、四肢變形（中圖）、韌帶變形（右圖）。

● 戀儒癖繁殖下的產物：凸眼症（左圖）、無耳兔（中圖）、狼牙症（右圖）。

Point :
當您購買到迷你又嬌小的兔子，背後正代表有成千上萬的畸形兔產生。

兔子開肢症。

養兔子很臭？沒打掃啦！

在傳統的飼養方式中，許多農戶家中除了種田之外，幾乎都有附屬養殖一些家禽家畜來貼補家用。兔子因為取得容易且門檻低，幾乎是小農戶飼養雞鴨之外的首選。既然是貼補家用，當時的飼養環境自然不會太好。當時農會輔導大多是使用架高方式飼養，一則清理迅速，一則可讓排泄物作為堆肥使用。可想而知，讓排泄物持續累積在兔舍下方發酵，久了自然不會有好味道，也因此讓老一輩的人有了「兔子好臭」的觀念，這讓兔兔真的是好無辜啊！

● 左圖為早期農家式的飼養狀況，右圖為愛兔協會的飼養環境。

新興飼養方式無臭味

　　以現代飼養的寵物兔而言，乾式糞便不會有臭味，連身體不需清洗都不會有味道出現，其實是一種很乾淨的動物。飼養過程中可能會產生令人不悅的氣味只有兩種，一種是發情時的費洛蒙，另一種則是尿液。這兩種的解決方式，可以透過結育手術將費洛蒙的氣味降到最低，和使用木屑砂作為墊料則可以吸附尿液的氣味。

　　以愛兔之家為例：七坪大的收容區同時安置二十～三十隻寵物兔，在每日更換木屑砂的狀況下，環境中幾乎沒有任何氣味產生，因此「兔子好臭」的謠言自然不攻而破！寵物兔愛乾淨且不

● 木屑沙碰到尿（及液體類）會散成沙狀，吸臭味和吸水性較一般鼠用木屑好。會使用便盆的兔兔都很乾淨喔。

時自己整理身體，飼主只要願意整理環境，小兔子絕對身體香香且乾淨漂亮，千萬不要因為過去錯誤的觀念而將小兔兔汙名化。

🐰 養兔會破財？剛好相反！

在過去時代普遍迷信的面相學中，厚唇被認為是富有與積蓄的象徵，由於兔子的生理構造中有特殊的三瓣嘴唇（兔唇），所以相對被視為不吉利與破財的徵兆……

事實上，寵物兔的嘴唇是為了因應食乾草需求而演化的特殊構造，可向左右張開的兩瓣上唇，可以讓兔兔更方便的使用門牙進行切、夾的動作，並且免於被較硬的乾草扎傷或摩擦受傷，所以對於兔子來說這樣的構造才是富有與積蓄（吃不完的草）的象徵。

兔子是幸運象徵

除了台灣，許多國家都把兔子當作一種幸運象徵。在許多國家，兔子代表生命、多產以及傳承延續的意思。基督教的復活節意味生命獲得重生，而這個節日最具代表性的就是復活節兔。日本對於白兔的幸福傳奇深信不疑，中國傳說裡的嫦娥與玉兔搗藥代表著長壽，美洲大陸部分地區認為兔子腳會帶來幸運，德國人則相信巧克力兔會帶來好運……

Part5
飼養兔兔的準備 先準備好，讓飼養更得心應手

> ## 新手該知道的事情
>
> 飼養之前先做好功課，了解正確的
> 觀念、破除舊有迷思、知道自己是
> 否為高危險飼主。

鹽 巴（奶油兔）

詐欺動保案件兔媽所生兔。

心理準備

　　無論您過去是否有經驗，要飼養一隻活生生的動物之前，您必須理解一個生命體必須有的一切：牠會有自己的脾氣、牠會排泄、生病、也會調皮搗蛋、也許不喜歡被抱、最後也會死亡！

　　因此飼主必須面對上述一切所會發生的問題，無論是日常開銷的金錢花費、細心挑選適合牠的飲食、生病醫療時的照顧與奔波……，最重要的是時時幫牠整理環境，並且給予陪伴讓牠感受到主人的愛。

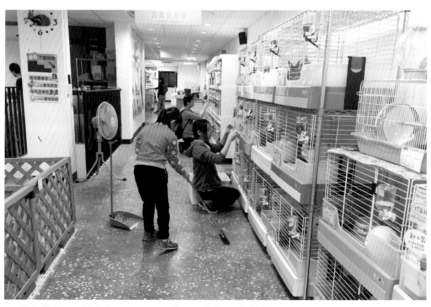

● 養寵物是一種責任，不是只有可愛摸頭的遊戲。

正因為牠不是玩具、不是用後即丟的消耗品，飼養牠之前請務必先做好心理準備，並考量下列幾項要點：

☑ 兔子不像貓狗一樣會撒嬌，甚至驕傲孤僻不給人抱，你能接受嗎？

☑ 兔子的醫療費用相當高，有時甚至單次破萬，你有能力負擔嗎？

☑ 兔子會長很大，半歲以上的成兔至少三十公分以上，你能接受嗎？

☑ 兔子會咬壞東西甚至破壞家具，並且樂此不疲，你能接受嗎？

☑ 兔子壽命可達十年以上，你已經準備好十年以上的陪伴時間了嗎？

☑ 在台灣，兔子的換毛期長達兩個月以上，滿天飛舞的毛髮你能接受嗎？

☑ 兔子的醫療必須找專科醫院與醫師，你知道在哪嗎？

☑ 你的生活圈內，除了自己之外，有其他人、家人願意一起照顧嗎？

☑ 當你有事要外出遠行時，誰可以幫你照顧？

上述的任何一項只要出現否定答案，那麼請您務必重新認真思考飼養的可行性，畢竟飼養行為一旦開始就是展開十年的責任，這可不是單純地帶回家每天說好可愛、摸摸頭這麼簡單而已喔！

🐰 一次養一隻就好

理論上兔子屬於群居性的動物，但兔子之間依然有相當強烈的競爭本能，兔子因不合甚至爭奪領域而打架的事故頻傳，這已經不是人為所能掌控的。

不合的兔子有時會將另一方打到傷殘斷肢甚至死亡，以上都還不包括兔子超強繁殖力的問題。如果只是覺得兔子好像需要玩伴而複數飼養，其實沒有任何意義。因此在您尚未完全了解兔子的行為之前，請務必一次先養一隻就好。

● 除非是熟手，否則請一次養一隻就好，兔子強大的繁殖力往往超出人為控制。

物品準備

　　如果您已經通過上一篇的心理建設，確認要飼養一隻兔寶寶作為您的伴侶，那麼請開始著手準備飼養必需的道具和設備，費用可能比您想像中的還貴，因為這些物品是要幫一個生命準備牠的生活空間，而不是幫玩具準備一個收納盒。

　　飼養一隻寵物兔最基本與必備的物品、設備如下：

安全足夠的活動空間

　　養兔子不需要像養狗一樣每天帶出門蹓躂，但這並不表示兔子不需要活動，每天一個小時以上的放風活動是必須的。在您的住家內是否有合適的空間足以讓小兔子奔跑跳躍、舒展筋骨？或者您已經準備好讓兔兔可以肆無忌憚地在家中活動？該空間的安全性是否足夠，沒有電線、沒有貓狗入侵的疑慮、陽台空間有超過一公尺以上的圍牆防止掉出、沒有豔陽西曬的問題等。

● 附安全圍欄的小城堡。

合格的標準兔籠

　　不管您決定要開放式飼養還是完全放養，幫您的兔兔準備一個標準兔籠是必須的，籠子的目的不是關牠而是保護牠，給牠一個自己專屬的空間。

　　就像你我，都會有一個屬於自己的房間一樣。兔子可以在這裡面吃飯、喝水、學習使用便盆，以及發脾氣時躲藏，一個合格的兔籠是讓牠有良好習慣的開始。

　　合格的兔籠必須有前方和上方的雙開口，正面寬至少六十公分以上，並附有抽屜式底盆以免兔兔踩在自己的排泄物上。

　　目前市面上標準兔籠的售價大約兩千五百～三千五百元，過小或太便宜的籠子大多屬於天竺鼠籠、鳥籠或兩棲類飼養箱，這些都是非常不合格的。

● 合格的兔籠要大到足以讓兔兔完全伸展。

生活家具

　　在兔兔的小房間內，您還必須幫兔兔準備一個容量充足的飲水器（至少250cc以上、不是買倉鼠用的點水器）、重量足夠且不易打翻

● 準備重量足夠、不易打翻的食盆是相當有必要的。

的食盆、一個可以固定的兔便盆、牧草架或草球，夏天時必須準備一片鋁製散熱墊幫兔兔散熱，以上這些家具都是不可或缺的必需品。

生活耗材

兔兔的生活耗材包括了日常飲食的飼料、牧草，清理環境用的墊料如木屑砂、檸檬酸、尿布墊，健康保健用的木瓜酵素、化毛膏等，大部分的生活耗材在良好的儲存環境下都可以保存一段時間，您可以先在家中找到一個空間作為耗材小倉庫，再根據實際使用量來調整。

● 木屑砂＋便盆可以培養兔兔良好的如廁習慣。

店家與醫院資訊

　　也許很多人都習慣上網團購採買寵物兔的生活耗材，但您還是要知道在哪裡可以買到基本的耗材，畢竟網路團購會有不確定因素，有時因為賣家斷貨或主購的聯繫中斷，都會讓兔兔有斷糧危機。找一間您隨時可以買到飼料、牧草、木屑砂的寵物用品店，是有其必要的。

　　相對於貓、狗這類雜食性動物，身為草食性動物的兔子，身體構造與行為跟貓狗是完全不同的，因此即使是同樣的疾病，在治療上也無法貓、狗、兔混用。這不是單純藥劑濃度比例的問題，而是整個物種結構與身體構造上的極大差異，因此在飼養之前，您必須知道哪裡有兔科醫師可供您作為未來的醫療諮詢。

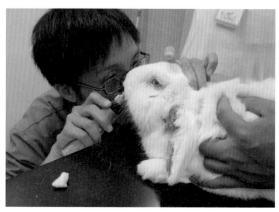

● 合格的兔科醫院與醫師才能保障兔兔健康。

預算清單

　　一位盡責任的飼主應該要知道飼養兔兔第一年的基本花費，從基本的居住設備，一直到食衣住行以及醫療等，以下列表部分可都是缺一不可的要素喔！

養兔新手的預算清單（第一年）

預算項目	第一年的開銷（新台幣）
抽屜式標準兔籠（70*50*50 cm）	3000元
兔子便盆	250元
滾珠飲水器（屬損耗品）	150元×4組
外出籠	300元
草球／草架／食盆	500元
飼料	200元×12個月
牧草	200元×12個月
墊料耗材（木屑、木屑砂或尿布墊等）	450元×6組
零嘴	100元×12個月
牽繩/背帶	300元
工具書	500元
照顧工具（寵物專用指甲剪、毛梳等）	600元
基本健康檢查（初診或複診掛號費或藥費）	500元×2次
醫療儲備金（輕微病徵基本藥費）	300元×12個月
結紮準備金（公母不同，取平均價）	2500元
兔聚社交費	600元×2次
第一年預算總計	23050元

＊本清單取市價均值計算。
＊不包括特別節省或特別昂貴的特殊飼養方式。
＊以上不含因特殊疾病診療、急診等額外花費。
＊第一年飼養含許多首次費用，往後各年會因耗材分攤而降低。

儲存醫療基金

儲蓄是個好習慣，可以預防不時之需。

兔寶寶的健康狀況若是有危急情形，跑醫院是必然的，除了每三～四個月的基本健康檢查和每六～八個月的大型健康檢查（進階的血液檢查、全身X光片或心臟超音波等）的費用之外，建議主人每週固定儲存一筆費用，可依照自身的能力狀況，一週存三百～一千元不等。

無論如何最好養成儲存寵物醫療金的習慣，一次簡易健診少則四～五百元，碰到意外狀況多則可能收費破萬，所以預先做好準備，突發狀況時才有辦法負擔。

右頁表格為本協會整理出的一般收費參考。提醒您，每家兔科醫院的收費略有不同，若有疑問可再諮詢當地醫療院所。

醫療收費參考

醫療項目	收費（新台幣）	說明
基本健診費	約350～550元／次	
X光片	約500～800元／張	
血液檢查	約900～1200元／次	視檢查項目而收費，例如只看肝腎指數或多看其他指數而增減，以醫院建議為主。
結紮手術	約2000～4000元／次	公兔約2000～2500元，母兔約3500元以上。是否內含其他費用（麻醉費、住院費等）須視醫院而定。
一般手術費	約2000～6000元／次	
口腔膿包	不一定	以患部嚴重程度做評估，無固定收費標準。
身體其他部分須開刀處理	不一定	以患部嚴重程度做評估，無固定收費標準。
骨科手術費	約12000～20000元／次	接合或截肢等，以患部嚴重程度做評估。
住院住宿費	約200～500元／日	
加護病房費	約550～800元／日	

愛兔功課表

迎接兔兔之後，兔奴要開始準備功課表，這份功課表是為了提醒自己該做的作業有哪些，除了每天要做的事情之外，還有每週要進行一次的功課，每個月需要注意哪些事情？每一季和每一年我們都該做好哪些準備呢？以下是幾個提醒項目提供參考。

愛兔日功課表

每天都要做的事情可是缺一不可，從中養成照顧兔兔的習慣，注意飲食、飲水和環境的清潔，還要每日觀察兔兔的精神和吃飯的狀況，留意便便的狀況，才不會忽略了生病的警訊喔。

飲水更換

台灣天氣潮溼悶熱，密閉空間的飲水很容易變質，飲水器內的水應每日更換以保持新鮮乾淨，記得飲水是煮過的水。

清理便盆

若兔兔會使用便盆，請飼主每天清理便盆，小動作可常保居住環境的清潔。

餐點餵食

早晚各一餐依照體重計量的兔兔飼料，含有兔兔必需的各種

營養添加物，千萬不可因為兔兔愛吃草就不給予飼料，或是為了逼兔子吃草而不給飼料，保持攝取均衡的營養，才是健康王道。

牧草補充

兔兔的小窩內應隨時有牧草可以食用，有空就順手幫兔兔添加牧草。

換毛期間

台灣的冷熱交替季節就是兔兔的大量換毛期，這個時期內每天必須幫兔兔梳理毛髮至少三～五分鐘。雖然不可能以人工梳毛的方式讓兔子完全換毛，但常態性的梳理可以將最大量的毛髮適度移除，以免兔兔自己在理毛時吃下過多毛髮，也能維持飼主居家環境的整潔。非換毛期則三～五天大梳一次即可。

撫摸說話

在兔兔完全熟悉你且會主動找你之前，飼主每天的摸摸頭與全身按摩就相當重要。讓兔兔熟悉飼主雙手的力道、姿勢以及身上的味道，知道這個感覺代表安全。每天持續做，兔兔會開始認同你，並在某些時候漸漸與飼主產生互動。

放風玩耍

每日適度放風，讓兔兔有奔跑跳躍的活動才會更健康。此外，飼主應該讓兔兔在安全的前提下適度接觸陽光，因為對骨頭生長有幫助的維生素D是無法透過飲食或藥物來取得的，只有曬太陽才會讓兔兔自己的身體產生，因此陽光對於兔兔的生長相當重

要，但要注意放風的時間，避免日正當中及最熱的時候，通常以午間三點過後或者傍晚的時候爲優。

排泄觀察

飼主應該養成每天利用倒便盆的時機，順便觀察兔兔的糞便排泄狀況。觀察重點在每日的總量、色澤、帶毛狀況以及形狀大小。兔子的疾病徵兆，大部分可以從排泄狀況觀察得知，因此是預防疾病的重要方法。

愛兔週功課表

每週定期安排要做的功課就是注意大環境的清潔，包括家中或者兔兔的房間（籠子）等，都可以做個拆裝大清洗和曬太陽，另外也要留意消耗品的份量才能即時準備購買。

清洗籠舍

將兔兔籠舍以及其他設備（如便盆）做基本拆解，再以食用級檸檬酸浸泡三十分鐘後用清水沖洗，之後擦乾再組裝即可，如此可讓兔籠與設備常保如新，乾淨清潔的環境可以預防黴菌或疥癬等環境疾病。

庫存檢查

每週花一點點時間，確定兔兔吃的飼料、牧草、點心以及營養品等是否過期或變質，大致有看、摸、聞三個步驟。

・**看**：檢查有效日期、觀察是否變色、出現異物或蟲體等。

・摸：觸摸本體是否潮溼、粉化、沾黏等。

・聞：輕嗅是否酸敗或有潮味。

毛髮檢查

尤其是屁屁與胯下的毛髮。

閱讀文章

從開始飼養之後可以多在網路上閱讀跟兔兔相關的文章，兔友部落格分享文或者相關資訊等，持續閱讀吸收新知識。

🐰 愛兔月功課表

每月清點消耗品是一定要注意的，除此之外可以定時每月一次幫兔兔修剪指甲整理儀容，另外整理環境的小細節，比如刷水瓶、洗食盆或者一些放置於籠子內的小玩具（牧草窩或娃娃等）都可以固定每月做整頓。

修剪指甲

兔兔的指甲很重要，請記得每月修剪喔！如果不敢自己剪，請帶到兔醫院給醫生剪，或直接帶到愛兔之家請志工幫忙，不但免費還可以順便學習喔！

庫存盤點

每個月都要記得盤點一下兔兔的飲食庫存，以免突然斷糧。

清洗水瓶

飲水器的水瓶很容易忘記清洗，導致藏汙納垢甚至長青苔。建議每個月取出來使用毛刷澈底清洗內部，洗完後曬曬太陽。如果是用萬用接環飲水器，每個月更換一個新的空寶特瓶也可以。

愛兔季功課表

每三個月一季要注意的事情，是注意天氣的變化。台灣的氣候四季不顯著，有時候太冷，有時候太熱，要隨時注意氣候的狀況以幫兔兔適應氣溫的變化。另外也可以安排三個月或四個月的一次小健診，基本觸診或醫療觀察，都有助於提早發現病徵以獲得早日康復的機會。

健康檢查

每三～四個月，可以安排小型的健康檢查，帶去給兔專科醫生摸摸觸診，檢查皮膚、耳內或者口腔等小小的醫療，若有病徵才能早期發現早期治療。

換季準備

每年四季變換也會有氣溫的差異，尤其是冬夏兩季。必須根據氣候改變陳設讓兔兔過得更舒適。

· **春、秋重點：**防蟲叮咬以及協助換毛。冷熱交替的季節正是蚊蟲活力十足的時期，適當清理環境可減少蚊蟲，使用天然除蚤蝨噴劑也是一個好方法。這時處於換毛期的兔兔會長時間大量掉毛，飼主除了協助梳毛外，增量餵食酵素

與化毛膏也是必要的一環。籠舍角落或縫隙會累積大量毛髮，請即時清除避免細菌孳生，此外，飼主本身的居住環境也一樣要多加清掃。

- 夏季重點：通風散熱以及預防中暑。除了注意通風、不要悶熱外，也可以幫兔兔的地板鋪上清涼的寵物用鋁製散熱墊。利用轎車飲料掛架來放結冰水降溫也很好用，冷氣出風口或電風扇請記得不要直吹喔！

- 冬季重點：防風保暖以及注意感冒，寒流來的時候要注意兔兔所處的環境是否會直接吹到冷風和接近低溫，除了可以準備保暖燈外，籠子外面也可以鋪上毛巾或遮蔽物，減少直接觸寒的可能。

🐰 愛兔半年功課表

半年內的大作業是安排大型的健康檢查，維護兔兔的健康。也可以檢視兔兔的小用品等，比如是否更換新的飲水器？便盆鉤環斷掉了要換一個？……也可以半年一次做更新。

健康檢查

半年度的健康檢查除了基本物理檢查外，還應該包含X光片（如軀幹、齒根或其他醫師建議部位）的檢驗判斷，由醫師根據過去健診資料與飼主口述，來判斷是不是要做預防性的X光檢查，以確認某些潛在的疾病危機。當然，也有可能醫師會告訴你兔寶寶相當健康暫時無需檢驗。

設備檢查

一些屬於消耗品的設備，例如飲水器、便盆等，應該要做一下檢查囉！看看是不是已經破損或無法使用了。通常飲水器的鋼珠球很容易被咬下來或是導引管被咬破，便盆的卡榫或邊緣都屬於容易被破壞的器材呢，還有牧草球也要注意是不是有損壞。

進修講座

飼養兔兔也需要時常進修新知識，除了最簡單的網站查閱之外，您也可以到各家書店翻閱相關書籍，或者參加兔子聚會，交換心得和分享案例。

愛兔協會每個月大都會舉辦各種講座或培訓課程，也不失為一種補充新知的方式。

🐰 愛兔年功課表

一年之中的事情就是檢視自己累積的知識和經驗是否充足囉，除了較深入的大型檢查之外，還有是否要幫兔兔換個新房間等，都可以納入一年之中去考慮。

年度健康檢查

每年請至少幫兔兔做一次較完整的健康檢查，除了一般的基本健診項目之外，您可以幫兔兔做全血液檢查、X光檢查、鼻淚管測試等，其他如超音波或特殊項目，則要視飼主經濟能力與醫師臨床建議而定。

添購新設備

　　每年必須更換破損不堪使用或髒汙無法清潔的用品，讓兔兔的家常保乾淨舒適。

兔兔慶生

　　記得幫自家的兔兔訂一個生日紀念日！除非已經知道出生日期，否則大部分都以兔兔到家中的第一天來當作兔兔的生日，每年幫兔兔過生日，除了可以增加親密度，也是舉辦兔友小聚會的好理由！

資訊更新

　　每年都會有新開的醫院或醫師異動，這些資訊也記得列入年度計畫中喔。定期更新自己知道的醫院、醫師甚至寵物用品店的訊息，都是很重要的呢。

我的愛兔從哪裡來？

準備好飼養寵物兔了？那麼您有想過去哪裡找到屬於你的兔子嗎？透過各種不同的管道所取得的兔子，這中間的差異您了解嗎？

🐰 動保團體／協會

以認養取代購買絕對是最好的方式，目前各動物保護團體均有提供認養服務。這些被動保團體所收養的兔子大多經過志工的照料，兔子的健康有一定的保障，且可以知道兔子的脾氣、習慣甚至親人程度等。以台灣愛兔協會為例，每隻送養的兔子都必須是經過保母照料的成兔，如此可免除體型不明、習慣不好等困擾，而且大部分都已經學會使用便盆。但每個單位、團體的送養方式不盡相同，請配合領養的規章方式。

● 向動保團體認養的兔兔，健康有保障，圖為認養人的填單申請。（愛兔協會為例，不代表其他團體）。

🐰 網路平台

網路科技相當發達，非常輕易就能在各大認養網站上找到寵物兔送養資訊。您可以根據網站上的照片與陳述，找到一隻與您有緣的兔兔。送養網站內的送養兔多屬於個人送養，可以直接與送養人聯繫並商談接兔或面談事宜。大多數送養應該都是不收費的，有的送養人甚至願意提供整套飼養家具。透過送養平台認養，可以讓這些兔兔免於被丟棄的命運，不失為一種好方式。

🐰 各縣市動物收容所

各縣市收容所多多少少都會捕獲或拾獲無主棄兔，所以您可以親洽各縣市收容所詢問，只要檢附個人證件即可帶回家飼養。不過收容所並沒有提供健診與結紮服務，帶回家之前請先去看兔醫生喔！

● 收容所內等待送養的兔兔。

🐰 寵物店

直接購買雖然是最快速、方便的一種方式，也不需花費很高的金額，甚至幾百塊就有。不過，在寵物店販售的兔兔絕大多數都是剛滿兩週齡的幼兔，絕對不是店家號稱的三個月。而且因為兔子過小，性別根本無從判斷，店家的判定也不一定正確。

再者因為過早離乳，因此兔子的健康狀況不明，無從得知最後的體型會多大。加上寵物店大量混合飼養下，或多或少都會有球蟲或黴菌疥癬的困擾。以上種種原因都會使新購買的幼兔死亡率大增，因此購買或許最方便，但相對兔子的健康資訊一切不明朗，也是最不可靠的方式之一。

Part6
全方位飼養要點 生活上的瑣碎點滴

關於兔兔生活上的注意事項

食、衣、住、行、育、樂等一些瑣碎的小事情多多留意都可以讓兔兔和主人的互動更好。

豬肝麵 （灰色暹羅兔）

被棄養在麵店門口。

飼養要點概說

　　飼養方式人人不同，但把握住正確的飼養要點，給予對的飲食和飼養態度，即使兔兔不是住豪宅吃大餐，也能開開心心過著幸福兔生活。

食：主食是牧草和飼料，一定要喝水

　　對兔子來說最重要的主食是牧草（苜蓿草、提摩西、果園草、燕麥草、甜燕麥）和飼料，飲水方面必須提供乾淨、煮過的開水。

衣：冷熱換毛，四季更替

　　兔兔會掉毛，而且一年四季都會發生，只要能夠替牠定期梳毛和整理，就能避免兔毛滿天飛的問題。

住：兔籠不是關牠，是給牠一個房間

　　建議準備一個適當大小的兔籠，有助於訓練兔兔在固定地方上廁所和飲食的習慣。有人在家的時候可以放兔兔出來活動；若無人在家時，把兔兔放在籠子內則可以保護牠，畢竟若兔兔亂跑亂跳發生意外，沒有人在旁邊總是比較危險。

🐰 行：兔兔需要適度的社會化

在都市叢林中生活的兔兔，必須能適應環境中的雜音和其他動物的存在，或者調適對於環境的冷熱變化。

太過於保護的飼養方式，反而容易造成兔兔的緊迫或者不健康。適度外出曬曬太陽及跑跳讓兔兔快樂健康地生活。

🐰 育：以引導教育養成好習慣

兔兔的學習能力不錯，以引導的方式教育兔兔，可以幫助牠養成好習慣。比如便盆與飲水器的使用、回到自己住的籠子、認識主人等。

🐰 樂：兔聚時遵守玩樂公約

帶兔兔參加兔聚聊兔經、分享心得，也要注意兔兔彼此之間的磨合關係，避免爭奪地盤而相互攻擊，更要避免未結紮的兔兔騎乘動作。不論是在餐廳或空地舉行兔聚，都要記得保持乾淨！

　　以作為寵物陪伴為主的寵物兔，請以牧草搭配飼料方式飼養，這是目前最普遍被獸醫師與飼主接受且建議的方式，以這樣方式作為飼養原則的寵物兔，搭配定期健診與現代化的飼養環境，壽命可以長達十～十二年甚至以上。相對於上述其他舊式飼養方式僅有平均三～五年的壽命，正確的飼養方法可有效地讓兔兔多活一倍以上的時間喔。

🐰 牧草才是正確主食

　　乾燥牧草或包裝好的牧草有利於飼主購買與保存，且寵物兔唯有食用牧草才能有效完成臼齒的水平磨牙（與啃磨牙棒是不同的動作）。牧草內的粗纖維還可以促進腸胃蠕動協助消化，整體而言讓兔兔食用大量牧草的確可以避免許多疾病產生。

　　現代社會基本上不可能隨時有充足的新鮮草類提供給兔子食用，因此將乾燥後的牧草，作為兔子主食有其必要性。而因兔兔年齡及身體狀況的不同，適合食用的牧草種類也會略有不同。

🐰 兔兔不吃牧草的特例

　　在某些特殊情況下，兔子是不被餵食牧草的，例如畜牧產業使用的粉狀調糊飼料，或是培育實驗兔所使用的實驗室專用飼料等。那是因為其飼養目的非寵物陪伴，而是有其他特殊用途因此

兔子吃草的可愛模樣。

必須採用這樣的飼養方式。台灣地區的寵物兔飼主也必須學習尊重以畜牧為產業的飼養行為，一如地中海周邊國家將兔肉視為很平常的雞肉豬肉販售一樣。

🐰 愛吃草的兔子

大致上來說，有吃草的兔子絕對會比沒吃草的兔子來得健康且長壽，大量進食各類牧草是有其必要的，且兔子吃草的進食動作與消化牧草所需的能量都相當大，所以飼主給予兔子無限量的牧草食用，其實不用擔心過度肥胖的問題。

過去兔友與飼主間有傳言食用燕麥草容易讓兔子變胖、或是食用百慕達草容易變瘦等，其實大多屬於個人經驗談，或是醫師僅憑營養分析表去研判或猜測，在臨床上並無實際的科學調查，也沒有營養師專門針對此間的差別做過實驗。

吃進去的草類是否決定了兔子的胖與瘦更不能單以食物的成分分析就做出定論（因為沒考慮到消化耗能與代謝力），因此吃什麼草會胖或吃什麼草會瘦並不是這麼準確。

🐰 只有吃牧草才能有效磨牙

兔子對於啃木或摩牙棒的啃咬動作屬於上下磨動，而臼齒的生長磨合適需要水平移動才有幫助，就目前已知的市售產品而言，也只有吃牧草可以達到臼齒的水平磨合，也才真正有效達到磨牙效果。

兔子因為不吃草而導致的牙齒生長問題通常都會非常嚴重，其中臼齒問題又會比門牙問題嚴重很多，門牙磨合不正影響外觀還可以用定期剪牙修牙等方式解決，但臼齒問題無論是齒根向上或向下生長都會有立即致命的危險，過度向上頂的齒根輕則壓迫鼻淚管導致眼疾，重則穿透腦部組織引發敗血死亡；而過度向下頂的齒根輕則引發下顎變形與膿包，重則穿透喉嚨引發潰爛致死。因此飼主有必要維持、甚至強迫兔子大量吃草，這是非常重要的一件事！

請注意兔兔吃草時的兩頰處，臼齒是以類似水平橢圓形方式進行磨動，只有嘴巴門牙處是以上下垂直方式進行切斷動作。通常是先用門牙橫向叼起草之後，中間對切對折成直的之後，慢慢一點一點切細送入嘴中，再以臼齒磨碎後食入。

🐰 寵物兔食用牧草種類

苜蓿草（Alfalafa）

· **適合的兔兔**：幼兔兔（三～四個月以下）、產後兔兔、瘦子兔兔、生病需要體力的兔兔。

· **牧草介紹**：苜蓿草（或紫花苜蓿）為豆科類，現在常用的苜蓿草為紫花苜蓿，含高鈣高蛋白質、纖維質較低的牧草草種。營養成分位居牧草之國王等級，適合幼兔（三～四個月以下，四個月以後和其他牧草搭配酌量減少）、產後母兔（補充營養至乳兔離乳後）、過瘦的兔兔（因後天因素或其他人為造成的身體瘦弱）和重大疾病後需要體力的兔兔，都適合以苜蓿草為主要牧草進食，若食用期內發現兔兔有色素尿（或稱鈣尿，橘深紅色且部分為乳白或乳黃色，乾掉有白色沉澱）的狀況，建議先暫停苜蓿草，並請教醫生及觀察兔兔的生活反應再酌量提供或混草給予進食。

· **食用建議**：成年的兔兔（六個月以
上）除非特別原因儘量不提供此草
種，因苜蓿營養偏高，多食易造成成
兔產生鈣尿或過胖，若有必要餵食則
建議與牧草混合交替使用，過量時嚴
重則會有泌尿道結石的問題喔。

· **營養成分**：

蛋白質 （％）	脂質 （％）	纖維質 （％）	水分 （％）	鈣質 （％）
±14.3～15	±0.9～1	±26～30	±10～15	±0.85～0.9

（數據為參考平均值）

· **草種外觀**：大多製程為烘乾方式，故葉小而枯黃，有時為深綠
葉多。梗粗而扁平呈黃色，葉子有很重的枯味。

提摩西草（Timothy Hay）

· **適合的兔兔**：適合各個年齡期的兔兔。幼兔時期（三～四個月
　左右）可酌量和苜蓿草混合餵食，成兔後（六個月以上）以提
　摩西為主要供應牧草，可依照兔兔的適口度混合其他草種。

· **牧草介紹**：提摩西牧草屬於禾科植物，簡單來說可以想像成像
　種稻一樣也有分期數收割，一年最多三次，分為一番割（初
　割）、二番割、三番割，而市面上最常見的收割牧草為一番和
　二番，不管是幾番割，都會因為各種外在因素，如原產地、當
　地氣候狀況、收割乾燥過程等變因而不同。造成即使購買的草
　包都是「一番割」，草況也會不一定相同，所以還必須要了解
　自家兔兔的口味才能買到適宜的草況而不浪費喔。

· **食用建議**：提摩西草是兔兔一生中最重要的草種。長大進入青
　壯年期的兔兔需要吃下大量的草，除了可以幫助磨牙避免牙齒
　過度生長，高纖維的特性可以促進消化和腸道功能，幫助兔兔
　排出在理毛時吃掉的毛，以避免毛球症的產生，低鈣及低蛋白

成分可以預防尿結石和防止兔兔的肥胖。

· 營養成分：

蛋白質 （%）	脂質 （%）	纖維質 （%）	水分 （%）	鈣質 （%）
±11～12	±2.3～4	19～30	±10～15	0.5～0.7

（數據為參考平均值）

· 草種外觀：

	一番割First Cut	二番割Second Cut
外觀	草梗較粗、葉量少、花穗長而圓滿，顏色淺綠青黃，有淡淡草香。 	草梗多是細長、葉量多且軟、顏色看起來比較深綠，草香味較濃重。
外觀	可以先用草梗多寡或粗細來做基本判別一番或二番的依據。	可以先用草梗多寡或粗細來做基本判別一番或二番的依據。
成分	纖維質（±30%）、蛋白質（±11%）、脂（±2.2%）	纖維質（±20%）、蛋白質（±15%）、脂（±3.6%）
說明	無限量供應。有些兔兔會只挑葉不吃梗，還會抽梗出來玩，但高纖維的梗葉量，對兔兔來說是最棒的選擇。對於不吃梗的兔兔，建議可以把長梗剪短讓兔兔慢慢練習當食物。	無限量供應。因葉多且軟，適合幼、成交替時要換草的兔兔，也適合牙齒不好的兔兔。對大多數兔兔來說接受度較高，但纖維質略少蛋白質過高易胖，所以還是要注意和飼料的搭配。

　　提摩西牧草會陪伴著兔兔的一生，影響兔兔身體的健康狀況，所以若碰到死不吃提摩西的兔爺兔娘，兔奴們就要多花心思比較各家廠商或者網拍的嗜口性囉！

果園草（Orchard Grass）

· **適合的兔兔**：適合各個年齡期的兔兔。幼兔時期（三～四個月左右）可酌量和苜蓿草混合餵食，其他年齡層的兔兔依照各自狀況而給予。

· **牧草介紹**：和提摩西相比，果園草的嗜口性高，草香味較少，有略甜的香氣，通常用在挑嘴的兔兔上都蠻有效的，而且高纖低蛋白低鈣的特性就像健康食品，吃多也無妨。

· **食用建議**：葉多的草況更適合吃軟不吃硬的兔兔們，若提摩西已經被吃膩了，換個果園草試試看，或者以混草（果園草：提摩西=2：1）的方法，也有助於吸引兔兔吃草。

兔老爺和兔夫人總是越來越挑草，品牌越挑越貴荷包越來越小，卻也不見得討好牠們的胃。若您家兔兔碰到這種狀況，可以試試看果園草囉。

蛋白質 （％）	脂質 （％）	纖維質 （％）	水分 （％）	鈣質 （％）
±5～7	±1.0～1.4	±30	±10～15	±0.11～0.14

（數據為參考平均值）

- **草種外觀**：跟提摩西比較難區分，尤其是二割。但相對於提摩西，草色會較綠且味道帶有甜香。

百慕達草（Burmuda Grass Hay）

· **適合的兔兔**：適合成年兔兔。幼兔時期（三～四個月左右）。可酌量和苜蓿草混搭，讓幼兔練習吃草，其他年齡層的兔兔依照各自狀況而給予。

· **牧草介紹**：新鮮的百慕達草看起來很像路邊雜草，其實就是外面一般常見的草坪用草，差別在於栽種用來當草皮景觀或者拿來飲食用的培育方式（農藥或栽種差異）。兔兔吃太多會有過胖的問題，建議慢慢以百慕達的草種餵食。

· **食用建議**：和其他草種相對比較起來，營養成分略不同，高纖維、高蛋白、低脂肪、低熱量（相對於提摩西草種）最適合胖胖兔，所以又稱為減肥草。除此之外，對於口腔有問題的兔兔，比如天生咬合不正、牙齒過長已造成傷口等口齒問題，也因草況較柔軟，也可以試試看用百慕達和果園草混搭餵食。

缺點就是嗜口性極低，需要多一點時間讓兔兔接受（尤其會挑草的兔兔）。另外，也因為細梗葉小的特性，對於幼兔在慢慢換草的時期，也可以酌量搭配，小兔嘴配小草，練習吃草的感覺。對於待產的兔兔，可以多量給予鋪地，柔軟的草床，對於穩定母兔的情緒和乳兔保暖環境也有很大的幫助喔。

· 營養成分：

蛋白質 （％）	脂質 （％）	纖維質 （％）	水分 （％）	鈣質 （％）
±6～9	±0.5～1	±30～32	±8～10	±0.6～1

（數據為參考平均值）

· **草種外觀：**很像路邊乾掉的雜草，沒有特別的草香，看起來梗少葉極細又多為主要辨別方式。

● 左為百慕達草，右為提摩西草。

· **市售平均價格參考：**

品牌 市售包裝類 以常見品牌為參考基準	100～475元 / 200g（±5g）～1000g（±5g）
網拍 以網拍多數分裝克數為參考基準	60～75元 / 500g（±5g）～1000g（±5g）

甜燕麥（Oat Hay）

· **適合的兔兔**：成兔（幼乳兔儘量還是以苜蓿草爲主），甜甜的
  聞起來有微香的奶油味。可當零食給予，碰到挑嘴兔兔時可以
  酌量混草提供。

· **牧草介紹**：甜燕麥如其名，吃起來就是有甜甜的味道，粗梗葉
  少的特性就是還有高纖維質，可以幫助消化和腸胃道的功用，
  粗粗的梗對磨牙也有很好的效果，過去坊間認爲甜燕麥草吃多
  會過胖以及脹氣，部分網站文章因此建議不要當主食。不過二
  ○一二年有醫師提出反向建議，單就營養成分而言，燕麥草的
  脂肪並不會比其他草類高，因此認爲燕麥草應該不是肥胖的原
  因，甚至認爲多吃應該會瘦。

  過去燕麥草被誤以爲容易發胖或脹氣，有可能是民衆將燕麥
  （仔或片）與燕麥草（或梗）混爲同一種飲食所致。

· **食用建議**：嗜口性佳及接受度高的特點，可以利用來搭配提摩
  西做混草，誘導挑嘴兔兔做進食，或者當作零嘴用。高蛋白

質，可添加在苜蓿草裡，吸引剛離乳的小兔子吃多點草。葉片鮮嫩，高纖、嗜口性佳加上苜蓿草更好吃，幫助化毛，促進胃腸消化，食慾不振或是懷孕的兔媽媽都很適合。

· **營養成分：**

蛋白質 （％）	脂質 （％）	纖維質 （％）	水分 （％）	鈣質 （％）
±9	±1	±27～30	±10～15	±0.85～0.9

（數據為參考平均值）

· **草種外觀：**梗粗大和淺黃色是主要辨識點，寬度大於一番割的提摩西牧草。通常葉子較少梗非常多。

· **市售平均價格參考：**

品牌 市售包裝類—— 以常見品牌為參考基準	90～200元 / 450g（±5g）～500g（±5g）
網拍 以網拍多數分裝克數為 參考基準	45～75元 / 500g（±5g）～1000g（±5g）

飲食　飼料

🐰 飼料扮演的角色

　　目前市售的兔子飼料大多包含了兔兔所需的各種營養，例如蛋白質、礦物質、纖維素及維生素以及營養添加物等。

　　若把主食比喻成我們常吃的白飯，那麼飼料就是每餐的配菜，我們不可能一輩子都只吃白飯配開水，這樣會營養不良，寵物兔也是，在以大量牧草為主食的同時，搭配幾款不同的寵物兔專用飼料，才可以維持營養均衡。

● 圖中的兔兔「小辣椒」是過度營養不良偏瘦的例子，在飼料上面會偏多給予，為多種混合含壓縮飼料、發泡飼料、點心類些許和天然水果乾等。以上內容不建議餐餐給予，視兔兔的健康狀況而定。

🐰 市售飼料的規格

兔子飼料還可細分成許多不同細項，例如以年齡區分（幼兔、成兔、老兔）、以製程區分（壓縮、發泡）、以功能區分（增胖、減肥、疾病）、以目的區分（肉兔、實驗兔、農場兔）等數十種不同規格的產品。

雖然市面上銷售的種類繁多，但就新手而言可以先不用想太多，您只需要知道是給幼兔或成兔食用即可，大部分市售的兔飼料對於一隻健康的兔子而言差異並不大，新手可以先安心地購買給兔子食用，等比較熟悉照顧兔子或更了解其健康狀況時，再根據需求採購不同功能的飼料即可。

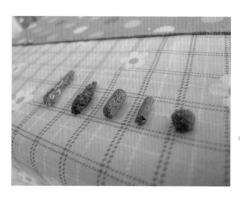

● 各式各樣的兔子飼料，由左至右依序為高壓牧草、粉漿混合、發泡式、壓縮式、綜合多元式。

🐰 給挑食兔兔的飼料

兔子有相當明顯的挑食特性，為了避免兔子挑飼料越吃越貴（貴不一定好）、或越吃越偏（嗜口性佳通常添加物也多），最後變成只吃某個牌子或某種飼料的壞習慣的隱憂，因此通常建議飼主在一開始就採購二～三種類飼料混搭食用，多元化食物來源可以維持相當的營養均衡，也可以避免某款飼料突然斷貨（進口

飼料經常發生）。目前已有一些廠商直接提供二或三合一的混裝飼料，也是一種不錯的選擇。

● 提供飼主的建議是以兩種混合飼料（發泡、壓縮）為主。大部分的兔兔都會先把好好吃的發泡吃完留下很多壓縮，但不用急著丟掉。通常在兩餐之間餓了就會吃掉了，或者調整比例為發泡：壓縮＝1：2。

關於「顆粒牧草」

　　主要是牧草為材料基底，以非磨碎的方式製作，目的是讓不太會吃牧草的兔子容易食用。除了牧草之外也會另外添加乳酸菌或其他益菌等，外觀看起來很像把牧草壓縮起來成長柱狀。可以以點心的份量給予，健康磨牙還是要以牧草為主囉。

　　市售的兔兔小點心相當普及且多樣化，可供飼主作爲與兔兔互動的獎勵品，但小點心系列（如水果乾）爲了提高嗜口性，多少都有大量的糖分添加物（因兔子愛吃甜）或化學香料。

　　除此之外，餅乾類的點心由於成型方便多少會加入澱粉作爲餅乾成型的原料，一般來說小動物若食用過多的澱粉容易引起脹氣，而脹氣對於兔子來說是比較麻煩的，因此就動物醫師觀點而言較不建議飼主餵食過多的粉類製品，適量即可。

● 市面上常見的兔食用點心：點心棒、水果乾和軟糖等。

🐰 DIY手做小點心

　　現在也越來越多兔主學著以自己動手做的方式去製作兔點心，簡單的像是兔子食用的草餅、各樣式水果乾等，都屬於天然的點心。可以使用基本款的烤箱、或者進階一點的食物烘乾機，或善用太陽曬乾，這樣點心就會充滿著滿滿的陽光味喔。

　　如果怕加工太麻煩，也可以直接準備新鮮蔬果。以深綠色的蔬菜如青江菜、花椰菜、蘿蔔芯等，以及水分多的蔬菜如大陸妹、小黃瓜、萵苣等最佳。水果的部分則可以選擇高甜分的鳳梨或蘋果、香蕉、芭樂等四季容易取得的水果。另外必須避開辛香辣等調味用的香草蔬菜，例如青蔥、蒜頭等皆不可餵食。

● 各種營養補充品。

🐰 營養品的必要性

　　除了點心之外，還會看到其他標示給予的還有鳳梨酵素、維他命水或者乳酸菌等眼花撩亂的營養補充品。對兔兔來說，其實還是以越單純簡單越好，其他加工營養補充物，真正能夠給予實際上效用的並不多，若真的想要購買當作常備營養品，餵食適量即可。

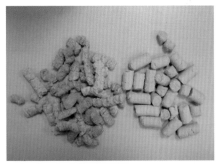

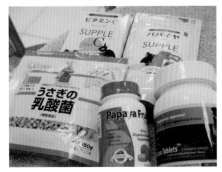

● 不同品牌的乳酸菌。

🐰 木瓜酵素的迷思

　　兔兔很容易碰到腸阻塞或脹氣的問題，通常遇到這樣的狀況，有些人會說一天一顆「木瓜酵素」就可以改善這樣的狀況，但其實木瓜酵素也是加工過的食品，因需要誘食兔兔的喜愛，所以也會摻入許多糖分等添加物，當然並不能說這是不好的食品，只是在實際改善兔兔腸胃的問題上，並非絕對方法。建議遇到食慾不振、精神不佳，立即就診看兔科醫生，和多訓練吃草的習慣，比較能夠預防。

毛髮　換毛

　　兔兔是屬於寒冷乾燥地區的動物，由於季節、年齡、疾病及營養等因素，使兔毛發生脫落，並在換毛處長出新毛，這是兔兔的換毛現象。

　　兔兔一生中有兩次年齡性換毛，分別為三十～一百日齡及一百三十～一百八十日齡，此為兔兔生長發育期正常性換毛；當兔兔性成熟後即會出現季節性換毛，一年約換兩次毛，分別在春夏（三～四月）及秋冬（九～十月）交替的時候，而這種季節性換毛則與溫度、光照及營養等因素有關。

● 長毛兔兔換毛的量是很多的，定時整理梳毛除了可以幫助梳去廢毛之外，還可以減少因為舔身體舔入的毛量，避免腸阻塞的發生。

當兔兔換毛時，飼主用手輕輕一摸就可發現兔毛脫落的情形，而當兔兔跳躍、奔跑或玩耍時也會掉下一些兔毛，此時，飼主就有為兔子梳毛的必要了！

● 在兔兔身上會出現一束一束的毛量，用手就可以輕易拉起，這都是換毛的痕跡。

● 身體上面深淺不一的毛色，也代表兔兔正在換毛。圖中的兔兔出現了「換毛線」。

毛髮　清潔

兔兔不用特別洗澡，牠們跟貓咪一樣會用舔的方式清潔身體，也有舔入過多毛量的問題，只是貓貓會吐毛而兔子不會，所以會引發毛球阻塞。

飼主可以常幫兔兔梳理掉身上的廢毛，不僅降低毛球阻塞的機率，也能多和兔兔互動。梳理時順便檢查兔兔身上是否有其他異狀，例如毛屑過多、是否有傷口，或者長出異物等。

● 兔兔的舔毛動作。

有必要才洗澡

通常在醫生的建議下才會幫兔兔洗澡，像是過於嚴重的黴菌問題，必須以醫生提供的藥用洗劑作清洗。清洗過程中，要注意藥劑不要滴到眼睛、水不要弄溼耳內。

兔兔容易緊張，為避免掙扎發生意外，清洗時請朋友或家人在旁協助。可以準備大型臉盆或用蓮蓬頭等在地面上清洗的方

式，避免在高處洗澡，以防兔兔因害怕掙脫從高處落下摔傷。

洗澡後吹乾必須要達80%以上的乾燥程度，因爲兔兔的毛皮是非常細膩的，若是無法吹乾到毛的底部而悶溼在裡面，反而會衍生皮膚問題或感冒。可以先用寵物美容常用的強力吸水毛巾，將兔兔擦至七分乾，再用低熱度的吹風機協助吹乾。

🐰 兔兔很髒怎麼辦？

1. 用溼紙巾或稍溼的毛巾搓擦，再用吸水毛巾擦乾。
2. 用蚤梳或毛梳梳開結塊的毛髮，若眞的糾結太嚴重，可考慮請兔科醫院協助剃掉難清理的毛髮。在不熟清理的狀況下請避免用剪的，有時候毛量的糾結太過嚴重會和皮黏在一起，有誤剪到肉和皮的可能。

● 排梳、蚤梳、毛梳。

居住　兔籠

　　有些飼主對於寵物兔的飼養方式希望採取更自由寬廣的模式，總是希望可以不關籠、自由自在、甚至養在戶外草坪等。當然如果您已經是位有經驗的兔飼主，知道如何訓練不關籠飼養、怎麼準備安全的不關籠環境的話，自然可依據您的經驗與能力來準備無障礙空間。但如果您是飼養新手或對寵物兔並沒有十足的把握，那麼先幫您的兔兔準備一個舒適的小窩可是非常重要的喔！

「籠」不等於「關」

　　很多人會有錯誤的想法：兔籠就是把兔兔關起來。其實這是錯誤的，基於兔子喜歡往狹窄處移動或躲藏的天性，讓牠擁有自己的兔籠等於是提供牠一個保護、安心的私人空間。

　　即便已經完成不關籠訓練或完全開放式飼養的兔兔，牠還是需要有個完全屬於自己的地方，就如同你我也需要一個房間一樣。牠可以在裡面生氣、快樂、甚至盡情調皮搗蛋，心情好時出來跟飼主互動討摸摸、鑽鑽客廳小迷宮或奔跑等。兔兔的居住空間中有兔籠，就如同人類房子中也有個人房間一樣。

如何挑選好兔籠

　　在挑選兔籠時應該同時考慮到三個面向：兔子居住的舒適度、整理照顧的方便性，和籠子與家中環境的陳設。多數合格的兔籠在設計時已經將前兩個面向考慮進去。

目前市面上一組全新且符合現代觀念的兔籠，價格大約在新台幣兩千五～四千五百元間，同品牌同款式的兔籠也會因通路或地區不同而有價格上的差異。一套合格的寵物兔居住設備應該具有下列特點：

尺寸大小

● 標準兔籠大小應至少可讓成兔完全躺平或站立。

● 一般便宜小兔籠。

● 標準合格大兔籠。

一隻健康活潑的寵物兔，無論其品種再怎麼迷你，長大之後身長（從鼻頭量至尾巴生長點）都會在三十公分以上，因此選擇兔籠時應避免買到過小的籠子，即使當下兔兔還很小隻。

合格的兔籠長寬高應該至少要足以讓兔兔在裡面完全伸展、站立與躺下。目前台灣地區兔友大多以正面寬不小於兩呎（約六十公分）作為基本的參考標準。如果您飼養的是大型家兔，那麼可能需要準備八十公分或更大的籠子喔！

開口設計

合格兔籠應該要至少有上方與前方兩個開口，部分款式會另外設計餵食窗。前方開口主要功能是餵食、正面觀察、兔兔回籠以及簡單的摸頭互動等；上方開口部分則是飼主要抱出兔兔的主要出口，這個部分對於寵物兔的生活安全非常重要，沒有上開口的籠子絕對不合格！

● 上方開口才能讓飼主安全地抱出兔兔。

● 僅有前方開口的籠子，抱兔兔時容易發生後腳勾傷。

當飼主抱兔兔出籠時，往往因為前方開口過窄導致寵物兔掙扎或反抗，相互拉扯的結果容易導致寵物兔緊迫與受傷，此外前開口通常比較狹窄，飼主不容易將雙手完全伸入，當飼主以拖或半抱半拉的方式帶出兔兔時，兔兔後腳指會大大的張開，很可能會在出籠勾到兔籠鐵條引發指甲斷裂或骨折。上開口兔籠可以完全避免發生上述問題，且讓兔兔舒服地被取出才會讓兔兔更親人喔。

腳踏墊（地板）

基本上合格兔籠的地板應該要呈現寬板狀，並附有讓便便掉下去的安全沖孔，一般常見小動物塑膠籠或電鍍狗籠的鐵條式地板對兔子的健康其實相當不好，兔子的腳掌是沒有肉墊的，當兔子細嫩的皮膚經常性地在鐵條上摩擦與受壓則會引起足部褥瘡症狀（胼胝），使得腳掌後跟處出現脫毛、紅腫甚至潰瘍等病症。

我們可以想像成人類光著腳丫踩在算盤上的感覺，長期在錯誤的地面環境下走動的結果差不多就是如此。踏墊最好是一體成型或整片式的，有些兩三片組合式的兔籠地板容易在接縫處（支撐桿兩側）堆積過多尿垢或者髒汙，影響兔兔生活環境與健康。

● 錯誤的鐵絲地板。

● 合格的寬版沖孔地板。

乾溼分離

　　有乾溼分離設計的兔籠俗稱抽屜式兔籠，在籠內下方有個如抽屜般的清潔槽，籠內總不免會產生一些食物殘渣、牧草屑、毛髮或大便小便等髒汙。乾溼分離設計就是讓這些小髒汙可以直接往下掉不累積在籠內，隨時保持基本清潔。

● 抽屜式設計的兔籠可讓飼主更方便清理。

四方移動輪

　　附有移動輪的兔籠，可以讓飼主輕易地移動或整理環境，不用為了清潔或移動而搬上搬下，飼主在整理環境時也會更方便。透過移動輪撐起兔籠也可以杜絕地板溼氣，減少黴菌濃度與寄生機會。

● 四輪附煞車的兔籠設計。

其他配件

　　部分款式兔籠有專用搭配的飼料盆、便盆、飲水器等配件，可以先行確認這些配件是否能穩定地安裝在兔籠內，避免兔子在籠內玩樂或發脾氣時打翻或摔壞。若要另外添購時也請注意這些配件與兔籠間的結合性。

● 配件不一定要同廠牌，能緊密地穩定組合比較重要。

結構簡單

有些兔籠設計零件相當多且組裝麻煩，雖然組裝完成後可能看起來很大很漂亮，但是飼主必須了解一件事：兔子是一種會破壞家具與零件的動物，過多零件組合其實會隱藏很多生活危險。

例如每個點都要裝小塑膠卡榫的籠子，有可能因為卡榫被兔子咬下磨牙逐漸吃進肚子內，或是金屬扣環、鐵絲卡榫過多，鬆脫掉落時兔兔不慎踩到會受傷等，過多的零組件也會讓飼主在清理時拆卸麻煩甚至遺失零件。打開兔籠大包裝逐一取出內容物後，所有零組件（含單一小物）能設計在十個內的最優，零組件超過三十個以上的話儘量避免選用。

外出　遛兔

　　帶兔兔到戶外享受陽光與草皮並且親近自然，這是許多兔友選擇讓兔兔社會化的方式之一，雖然說可愛的兔子搭上鮮嫩的草皮一直都是夢想中的魔幻搭配，可是在現實上，帶兔兔出門遛達可不是一件簡單的事喔！

🐰 全程配戴遛兔繩

　　戶外活動全程繫上遛兔繩（含背帶與牽繩）是公認為對兔子安全最好的方式之一，畢竟兔子在失控如驚嚇、過度興奮、逃竄等狀況下，飼主絕對不可能跟上兔子的速度，遛兔繩是唯一可迅速控制住兔子的方式。

戶外溜兔 請全程配戴 溜兔繩

輕鬆三步驟

扣環組

牽繩

1. 兔手手套圈圈

2. 繞到背後扣（約留一個手指的寬度）

3. 牽繩扣背環

調整扣環鬆緊度

　　一般而言，無論使用哪種形式或品牌的遛兔繩，完成穿戴後應該要保留一隻手指頭可穿過扣環的空間作為緩衝。過緊的穿戴不只讓兔兔產生不舒適感，更容易在活動中因持續運動產生的兔繩緊縮而受傷；過鬆的穿戴則容易造成鬆脫以及肩肘脫落、絆腳等狀況。飼主也應該每隔一段時間就檢查是否鬆緊移位或局部脫落。

正確使用遛兔繩

　　繫遛兔繩的意義不是要飼主牽著兔子走動或讓兔子跟在主人腳邊，請讓繫上兔繩的小兔適度自由行動，飼主在旁陪伴即可。完全不受控制或無法繫上兔繩的小兔子，則可以選擇寵物推車和圍片作為輔助工具。

🐰 慎選遛兔場地

　　大多數兔友都喜歡選擇草皮、公開且親近自然等場所作爲帶兔出遊的地點，因此草皮選擇時須注意是否噴灑農藥或剛施肥。以都市地區有固定植栽的開放式地點來說，剛完成造景種植的植物園區（可從土壤以及植物陣列看出）不要進入，因爲新植栽會有土壤施肥疑慮；而以打草機作爲修剪方式的區域會相對比較安全（可以從落葉或碎草型態看出）。

　　此外各社區的滅鼠週、滅蚊週以及風水災過後的一週內也要避開帶兔兔到草皮玩耍，雖然滅蚊的灑劑不會讓兔兔立即致命，但還是會有影響。

🐰 適度忍受環境蟲害

　　帶兔兔出門不可避免地會與自然界中的各種微生物接觸，以草皮或公園等開放場地而言，少數的跳蚤、蟎蟲甚至蝨子跑到飼主和兔兔身上是很平常的事，這對於健康的兔兔而言基本上是不會產生影響的，只要飼主家裡跟兔窩保持乾淨，這些小小病蟲害大多會自己離開或另外尋找宿主。飼主也可以回家後以天然植物驅蟲噴劑略做噴灑，讓病蟲害及早離開。一個完全沒有跳蚤、蟎蟲且過度乾淨整潔的草皮反而是不安全的喔。

請勿單獨遛兔

除非您已經是位飼養熟手且可完全掌控兔兔，否則帶兔兔出門時請務必找幾位兔友相約一起出發，切記不要一個人帶兔子出門遛達，絕對不要高估自己對兔子的掌控能力以及低估意外的發生率。

犬貓與傷害防護

當您的寵物兔享受陽光與草皮時，飼主千萬不能只顧著拍照喊可愛，必須隨時注意周邊無飼主牽引的犬隻與野貓，某些時候好奇心過強的小朋友也會成為意外的加害者。飼主可以適度讓兔兔與小朋友互動，但也必須即時制止小朋友失控的行為。

🐰 學會控制要領

在沒有牽引的狀況下，當兔子受驚嚇而開始四竄時，從後面追逐寵物兔只會讓兔兔更加驚慌，這時飼主只需輕踩兔繩即可防止兔子竄逃，再適時逐步靠近將兔子抱起。

🐰 注意天氣與補充飲食

戶外遛兔需隨時注意氣候變化以及幫兔兔補充飲水，尤其是盛夏的早上十點到下午四點之間，請儘量避免帶兔兔外出到無遮陰不通風處，台灣炎熱的夏天一直都是寵物兔最大的敵人；冬天時段也請避開寒流來襲以及冷風直吹。

🐰 當個愛兔宣傳者

在台灣，通常遛兔的行為會吸引不少觀眾和詢問者。大部分的民眾都是基於友善攀談，或許言語中會出現錯誤觀念或行為上出現錯誤動作，請飼主幫這些好奇的民眾做好基本說明。大家一起當起社會動保小老師，告知其他人正確飼養觀念（如飼料、牧草、多喝水）以及傳遞認養取代購買的觀念，才能逐步建立起友善寵物兔的社會。

● 讓教育種子無時無刻都散布在社會每個角落吧！

　　很多人對自己飼養的兔子照顧有加，但若只知道把兔子關在家裡給牠吃好用好，卻不接觸社會也不讓兔子習慣人的環境（社會化），這在某種程度上其實是不對的！

　　養寵物者也有一顆父母心，但網路上過度保護的教育資訊太過氾濫，讓寵物兔成為家裡的活體裝飾品。大家將心比心吧！你會只把小孩關在籠子裡嗎？每天放出來走個一個小時就是愛牠嗎？你會一輩子只吃健康食品嗎？你會因害怕出門被傳染疾病而把自己關在家裡嗎？以自己優越飼養技術為傲或不試著讓兔兔與社會接觸者，是飼養魔人的行為，別讓自己無形中變成魔人喔。

🐰 讓兔兔適度社會化

有一個千古不變的定律：讓生命去接觸泥土、陽光，大自然的細菌其實相對會帶來健康的抵抗力，讓你的兔子在可以控制的安全範圍下多與人互動，並循序漸進讓寵物兔習慣人居住的社會，是飼主責無旁貸的義務，這樣才會造就一個快樂且活

潑的生命。飼主可以在安全或結伴互助的前提下，帶兔兔參與活動與社會大眾接觸。

🐰 讓社會對兔兔友善化

有時飼主會面對其他人所提出的疑惑，趁此機會可以不斷向他們傳遞「兔子要喝水」、「兔子不吃紅蘿蔔」、「兔子不會臭」、「迷你兔會長大」、「兔子要吃牧草」等觀念。透過實際的行動可以不斷傳遞許多正確的知識，讓社會邁向一個更友善寵物兔的環境。

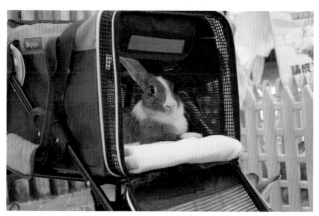

● 安全又方便的寵物推車是外出的第一選擇。

　　對於絕大部分的飲食建議，都會希望餵食以多樣性為主，避免吃習慣一種牌子，因為有時候可能發生產品缺貨的問題。就要重新訓練兔兔吃別家品牌的飼料，會花上比較長的習慣期，萬一兔兔完全拒食，就比較麻煩了。

　　另外，多方面攝取營養對於兔兔身體也比較好，保持良好的飲食習慣就是維持健康的不二法則。

教育　使用便盆

　　兔兔有良好的如廁習慣，對於主人來說是一大福音！順從牠們會在某個角落固定上廁所的天性，選擇一個固定地點放置便盆，並撿取一些糞便或拿餵生紙吸取尿液塞在便盆網底的下方，都可以讓兔兔

習慣在固定的地點上廁所。兔兔學會使用便盆，主人清理會更方便。不過剛出生的小兔不見得會到固定點上廁所，還需要一些時間訓練，最重要的是主人的耐心喔！

　　選擇便盆的條件很簡單，依照兔兔的屁股大小做選擇，以輕便並能固定住為主，因為有時候一旦兔兔的脾氣來了，一口咬翻的可是便盆了。

　　布置安全舒適的活動空間，給兔兔們一個快樂的小運動場吧！籠子只是兔兔的房間，當兔兔來到您的家庭之後，還是需要有足夠的活動空間以及與主人間的互動，這樣子兔兔才會健康又快樂喔！

　　飼主們可以在籠舍外布置一個安全的活動區，目前在坊間寵物用品店或網路上可輕易買到組合式圍片或寵物柵欄，在家中圍出一個活動空間讓兔兔奔跑與跳躍。活動空間的布置注意事項如下：

　　1. 空間內不能有電線、網路線等線材。

　　2. 柵欄高度至少一公尺，慎防兔子跳出。

　　3. 柵欄間距不可太寬，以免好奇兔寶寶頭卡在中間。

4. 避免陽光直曬或冷風直吹的地點。

5. 儘量避免選用過於光滑面的磁磚作為地板。

6. 隧道、小木屋等玩具請勿靠近柵欄邊緣，以免兔兔兩段式跳出。

7. 空間內避免放置尖銳或銳角物品，以免兔子舞動時撞傷。

8. 空間內放置飲水器以便兔兔隨時補充水分。

9. 除非已完成不關籠訓練，否則不可讓兔兔於無人時放風。

● 一般飼養放風可用寵物用圍片圍起一塊區域，讓兔兔在內運動，或是在室內準備圍欄，讓兔兔自由在房內玩。

未結紮的公兔在成年後會有持續的騎乘動作，有時甚至會直接騎上主人的手臂、小腿或沙發靠手。兔兔騎乘時為了避免滑落，會用嘴咬住被騎乘

者的背部，若此行為出現在騎乘其他兔隻（無論公母）身上時，會咬下對方的背毛甚至留下疤痕與傷口，而騎乘對象是人或物品時，則有受傷或破壞的問題出現。

🐰 陪伴玩具

有的飼主會選購柔軟且不刺激皮膚的陪伴玩具來讓未結紮公兔發洩，一般可以在網路上購得公兔專用的發洩玩具，不過價格相對較高。若飼主自行選購替代品，則要注意布面材質以及清潔與衛生，以免公兔刺激過度而造成摩擦傷痕或撕裂傷。以發洩玩

公兔發情影片。

具本身來說其實只是治標不治本，帶兔兔完成結紮手術才是杜絕騎乘行為後遺症最有效的辦法。

🐰 草球

用牧草球作為給兔兔的玩具，好處是可以引誘兔兔邊玩邊吃，讓遊樂的行為培養兔吃草的好習慣。有時候兔兔玩得太瘋，會出現手或腳卡住草球的狀況，若飼主沒有即時發現，兔兔又過於興奮有時會出現骨折意外，因此必須隨時保持草球內容物的緊實與豐滿，以避免兔兔手腳伸入發生意外。

有的飼主會選用全牧草編織的特殊草球或草架，不但可以減少意外發生，也會有效降低兔兔玩樂時所產生的噪音。

兔子玩草球影片。

愛兔協會歷屆會長介紹

第三屆會長

跳跳

跳跳是協會志工保母從夜市攤商手中救出的小兔兔,攤商讓小兔子過度近親繁殖,因此出現了天生畸形的問題,原本應該正常的後腳反過來生長,讓跳跳必須一輩子都用膝蓋跟腳背來走路。

經兔科醫師檢查後,跳跳除了天生的後肢畸形問題之外,是一隻非常活撥可愛的健康小兔。在照顧上,只要讓跳跳鋪著軟綿綿的墊子,避免沒有厚毛的膝蓋直接接觸壓力點即可。扭曲的小小身軀就像電影變形金剛一樣,跳跳依然是有十足活力的快樂地活著。

保母幫小兔子取名為跳跳,意思就是希望小兔子可以健康成長且每天快樂地跳跳!

Part7
有爭議的飼養知識 舊觀念v.s.新觀念

> ## 新舊觀念的差異
>
> 只吃草就可以嗎？　生過的兔兔不用結紮？
>
> 不能吃澱粉？　　　不能曬太陽？
>
> 兩隻才不會寂寞？　生小孩不能養兔子？

黑面蔡（哈瓦那兔）

民眾棄養於新北市之兔兔。

Q. 兔子只要吃草就可以嗎？

文圖提供／嘉義上哲動物醫院黃醫師
整理／台北市愛兔協會

在現代飼養觀念中，食用牧草是絕對必要的重點，但也千萬不能因噎廢食變成「只吃草」。畢竟寵物兔不是野兔，隨時都有不同種類的草類來源可以進食，飼料對幼兔階段的兔兔相對重要，能夠提供多方面的營養價值，在成兔期之前發育健全而成長。成兔之後可以降低飼料量，增加牧草的比例幫助磨牙。

如何辨別是否過瘦？

基本的成兔體重（六個月以上）應該要有一點二公斤的平均數值，五～六個月左右的兔兔體重若是低於一公斤，則反應出身體的機能有問題，這時候除了加重飼料量給予之外，可以添加其他營養品如草粉等，並立即就醫以了解是天生身體的瘦小，抑或是後天造成。

若是因為後天因素造成的營養不均，這時候的飼料量則以兔兔維持生理機能和生命為前提不需要控制，以能吃且願意吃為主。過瘦的兔兔由外觀觀察常見到的案例為身體大面積脫毛、手摸身體都觸摸到骨頭，這些是簡單便於判斷的警訊。

● 長期單一進食一種食物的兔兔會有過瘦營養不良的問題。

● 一般正常飲食的兔兔，至少都會有一點六～一點八公斤的體重。

Q. 兔子不能吃澱粉？

網路上經常可以看到「兔子不能吃澱粉」之類的留言或推文，可是許多寵物零嘴或小點心卻都多少有加澱粉，到底哪個才是真正的答案？其實正確的說法，應該是「兔子不適合長期大量食用澱粉」。

至於會有「兔子不能吃澱粉」這個觀念，應該是文獻臨床經驗中，澱粉類有可能是引起兔子脹氣的原因之一。於是部分兔友誤將其解讀為「兔子不能吃澱粉」或「吃到澱粉會脹氣」等簡化概念，因此引發了不少爭議。

以下幾點是相關提醒：

1. 大量牧草作為兔子的主食是最健康的飼養觀念。
2. 有吃牧草的兔兔，可適量食用含澱粉類的小點心。
3. 兔兔不可大量且長期食用澱粉製品。
4. 每日觀察糞便與定期健康檢查，常保兔兔健康。

Q. 養兩隻才不會寂寞？

很多人怕寵物在家會孤單，所以大多數飼主會興起「養一對」的想法，甚至一開始就直接買一對回來飼養，其實這是非常危險的。

飼主們必須了解：兔子是具有強烈領域性的動物！除非少部分從乳兔時期就生活在一起的個案外，大多數強行相處的結果就是打架、兇狠的打架以及永不停止的打架。

即使是乳兔時期就住在一起的兔子，長大後（約半年）也會因為成熟與費洛蒙的影響而出現相互攻擊的狀況，不管同性、異性在一起皆有可能發生打架的問題。

兔子間的打鬥，有時候雙方會對打到眼瞎嘴爆、肚破腸流直到完全倒下。其次是生育問題，母兔沒有經期，只要有交配就會誘發排卵。一對成熟的兔子，可以每個月持續生產四～八胎且不間斷，兄弟姐妹與子女之間也會持續交配生產，因此混養所產生的繁殖問題也需要特別注意。

兔子打架的行為。

🐰 複數混養容易產生的問題

1. 打架行為。
2. 永不停止的反覆生育。
3. 同吃同喝，飼主無法掌握飲食狀況。
4. 無法透過糞便來檢視兔兔個別的健康狀況。

● 兔子互相追咬。

🐰 複數飼養的準備

若真有複數飼養的必要，那麼請飼主務必做好下列準備：

1. 每一隻都完成節育手術。
2. 每一隻兔兔都有獨立的籠舍與飲食設備。
3. 初期的直接接觸一定要在飼主監督下。
4. 至少半年以上循序漸進的相處。
5. 終身分籠飼養的心理準備。

Q. 生過的兔兔不用結紮？

在推廣「寵物兔節育」觀念時，經常可以聽到老一輩的人或承襲傳統舊觀念的飼主說，有子宮病變或腫瘤是因為沒生過，只要生過就不會生病，所以不用結紮……，這是真的嗎？

有關這個爭議，我們分兩個面向來觀察，首先是長輩們傳統的飼養行為中，兔子屬於經濟類動物，養到足斤重就變賣，生命週期大多只有一～三年，通常這個年紀都不是生殖系統病變的好發期，所以不需要或不常會遇到類似疾病困擾。

現代飼養的寵物兔，飼主若照顧得宜則大多有八～十二年的壽命，相對生殖系統病變風險就提高，這跟「有沒有生過」並沒有直接關係。

再者以生物觀點來說，母兔生殖系統的運作並不會因為生育而停止，所以生殖系統病變的風險一樣是隨著年齡增長而增加，跟有沒有生過無關。以下是幾點相關提醒：

1. 生殖系統病變的風險與是否生育無關。
2. 生過小兔就不會生病的說法，只是一種藉口。
3. 儘早幫母兔於年輕時施予節育手術，風險低且復原快。

Q. 不能曬太陽？

偶爾曬曬溫暖的太陽多運動，有益兔兔健康。曾經有傳聞說兔兔曬到太陽就會中暑死掉，其實都是誇張且沒有依據的講法。在做好保護措施的前提之下，注意天氣的溫度，儘量避免於中午十一點～下午三點間最熱的時段外出。準備一把小傘、飲水和針筒、外出的遛兔繩，和新鮮多水分的青菜如萵苣、大陸妹等，適時在遛兔活動的時間給予，並注意水分的補充，這些野餐活動和蹦蹦跳跳的運動，都對兔兔的骨骼健康有所助益。

Q. 生小孩不能養兔子？

根據愛兔協會調查，台灣常見的寵物兔棄養原因，前三名之一就是「家裡有小朋友」或「即將迎接新生命，家人反對飼養」等。可是為什麼迎接新生命就必須放棄飼養兔兔（或任何毛小孩）呢？曾經，毛小孩也是我們疼愛的家人，只因有了新成員，就必須做出放棄舊成員的選擇，這樣真的好嗎？

大多數兔奴主人即將成為新手爸媽時，往往面臨舊觀念的壓力而遭遇兩難困境。例如覺得寶寶會過敏、生病不舒服都是兔兔害的，但事實上寶寶過敏的因素往往和家裡環境中的塵蟎有關，或者是疏於照顧毛小孩而造成的髒亂，追根究柢還是飼主本身的問題。不管是什麼樣的問題，只要有心處理，都是可以解決的事情，別讓剛出生的寶貝背上棄養毛小孩的黑鍋。

為自己的決定負責

礙於長輩或者另一半的壓力，家裡的反對聲浪若無法克服，請盡到最後一刻的責任──幫兔兔找新家。網路上有很多送養刊登平台，愛兔協會也提供手機送養刊登與送養會的管道，再怎麼忙都該抽出時間幫兔兔找主人。

如果您的選擇是留下寶寶的兔哥哥兔姐姐，也請您跟有經驗的兔主請教、跟醫生詢問，勤勞處理任何可能遇到的問題。對兔

主來說，學習同時照顧小孩和兔寶是重要的課題，對小寶寶來說，兔兔是他們的哥哥姐姐，可以陪伴他們一起長大、分享成長中的喜怒哀樂，對於新生寶寶成長的過程，是難能可貴的經驗。

● 用手機拍照、上網刊登送養訊息。　● 帶兔兔參加送養會。

🐰 兔寶的陪伴功效

　　成長過程中毛小孩和小寶寶之間的相處，往往是網路上讓人津津樂道的話題。不論哪種寵物都會發揮很好的陪伴功效，對媽媽來說，兔兔就像是另一位褓姆陪著小朋友，透過互動也有助於穩定寶寶情緒，降低對大人的依賴。

　　隨著年齡的增長，小孩也可以從中學會與動物相處。家長適時提醒小朋友的動作，讓小朋友慢慢學會體貼，這對他們而言都是非常好的教育，有助於未來成長路上的學習尊重與照顧生命。當然家長的態度是最重要的一環，照顧上面會很辛苦，畢竟要同時幫只會哭鬧的新生兒和兔兔把屎把尿，但若能努力堅持通過這一關，都會是甜蜜的負擔。

🐰 可以做的準備

　　毛小孩是人類最好的陪伴，也是主人心頭一份愛，若無法輕易割捨，想要同時擁有心愛的寵物及小孩，請為自己和家人做好準備：

1. **居家清潔的工作**：保持清爽乾淨。
2. **整理好寵物的健康狀態**：換毛季節時常梳毛整理，定期健康檢查。
3. **空氣清淨的工作**：有必要時須開啟空氣清淨機和除溼機。
4. **過敏原測試**：爸媽、家人的過敏原測試，確認真正造成過敏的原因，切勿未做任何檢測就直接認為是寵物引起的。
5. **寶寶和兔兔的相處**：兔兔不一定會對寶寶造成傷害，但寶寶因不懂得拿捏力道，可能會造成兔兔受傷。不論在哪個時期，他們相處時請陪伴在旁邊。

　　以下文章〈生小孩＝不能養寵物？〉是一位養兔媽媽的現身說法，分享她面對家中壓力時如何處理的經驗談。非常感謝她無私的分享，也希望可以幫助即將成為新媽媽的兔奴們。

生小孩＝不能養寵物？

撰文／梁惠閔

懷孕前面對家人質疑

　　我結婚前養了一隻兔子「小松」，本來家人就不喜歡動物，但不住一起就也相安無事，但等到結婚後面臨生孩子時，問題就慢慢浮現了，家人會有意無意透露：如果以後要養小孩，就不可以養寵物，免得過敏、髒、麻煩……，間接影響到小寶寶。

　　後來我懷上了雙胞胎，想不到家人砲火更猛烈，開始說：「兔子會讓孩子過敏、兔毛會讓孩子氣喘」等，最後還使出殺手鐧：「所以你就是一個寧願孩子過敏，也不把兔子送走的壞母親！」

　　我在懷孕期遭受了婆家與娘家的無情砲轟，也流過不知多少眼淚，但他們不了解小松是我的精神慰藉。在懷雙胞胎時，因為是試管懷孕，我忍受著身體的難受與折磨，婆家與娘家都不在我身邊，老公又在上班無法就近照顧，是小松一路默默陪著我，給我無言卻最有力的安慰！

同時照顧新生兒與兔兔

　　我真的很慶幸把牠留在身邊，若沒有牠，我一定撐不過辛苦的懷孕階段，所以人家說寵物寶貝是人類最好的朋友！我也沒有因為照顧牠而影響到寶寶，把小松哥放在兔友家的第二天，我的雙胞胎按照計

畫剖腹生產（沒有早產）。在婆家做了一個月的月子後，我就回來台北，自己一個人照顧雙胞胎，雖然一開始有點忙，我還是迫不及待地請朋友把小松送回來！

因為我很想牠，也想趕快把雙胞胎介紹給牠「認識」，剛開始我不先預設立場，只是單純地讓小松去接近雙寶，每天選兩、三個時段，短時間地慢慢親近，也不大驚小怪地揮打貼近聞雙寶的小松，不要讓牠有「接近小孩＝被打」的不好印象，但我的確是會在一旁全程觀看。

孩子和毛小孩在一起玩時，大人都要儘量在一旁觀看，畢竟熟識還是需要一點時間，很多大人根本沒細心盡到照顧的責任，出了事才要怪寵物，殊不知有時候根本是小孩太暴力抓扯寵物，家長又未在第一時間善盡教導，才來推卸責任，這是不對的！

兔兔和孩子的相處

當我不在或是忙碌的時候，就把小松帶回放籠子的小房間，等到晚上雙寶上床睡覺時，才讓牠在客廳跑，和我作伴。孩子的房間則用門欄擋住保持安全，也避免小松跳上床打擾孩子的睡眠。每一天的過程都差不多，小松就這樣慢慢地認

識了雙寶，也讓我見證到動物真的有靈性！

　　小松對雙寶超級寬容，被拍打、抓毛都不會生氣，頂多落跑。

　　小松偶爾還會幫我顧雙寶，讓我能安心做家事。不但這樣，我發現小松對雙寶的肢體發展有絕佳影響，雙寶不到三個月就都會翻滾，弟弟五個月就會爬了！這些都是因為為了要去追小松（哈哈哈），不但肢體靈活度加強，更擴展了視覺上的觀察力！等雙寶都會爬了，我大多都放在客廳「野放」，這時我就比較放心讓小松和雙寶一起玩了。

維持整潔杜絕過敏

　　我非常努力維持家中的整潔，每天一定掃地、每個星期清洗一次地墊、毛巾、床單，常常開空氣清淨器和除溼機（其實溼氣是造成大多皮膚和氣管問題的兇手）、老公每星期拖兩次地，並定期在廁所幫小松刷毛，避免毛髮亂飛，刷完把身上衣服直接換洗，這樣一來包準家裡乾淨如昔。

　　其實有時候孩子的皮膚會敏感，都是因為大人沒把家裡打掃乾淨所致。有些人家裡桌子地上厚厚的灰塵、床鋪廚房滿是雜物，不但會藏汙納垢，更會引起塵蟎，到時候孩子過敏或皮膚病就怪家中寵物，其實寵物何其無辜？家裡不保持清潔，就算沒有小動物，過敏、生病一樣找上門。

　　我家雙寶的皮膚從來沒有過敏、疹瘡等問題，一直維持白嫩無

暇，而且也沒有氣喘，到現在十個月大，也只各感冒過一次。現在有許多健康文獻都有說其實從小養寵物會讓孩子多一點的抵抗力，這個論調我絕對相信！想想以前鄉下人都把孩子跟貓狗、雞鴨、豬牛放在一起養，就不會這麼體弱多病，過敏一大堆，現在的孩子，長輩「惜命命」反而毛病不斷。所以不要再把孩子養成溫室的花朵。除非他一輩子都不出門，住在無塵室裡。

一生的寵物家人

　　我無法在孩子長大之後，教孩子要愛護動物的同時，孩子問我照片上的動物時，我卻說我把牠送走了……這樣不是真愛。如果你有養，現在也懷孕了，想想那些讓孩子養寵物的優點，絕對是大於沒養寵物的，你希望你的孩子有抵抗力、有愛心、有責任感、體能好嗎？如果你只生一個小孩，你寧願他很寂寞，還是有寵物陪伴的愛長大呢？

　　想想這些，至於那些反對的人，不需多言，只要用時間去證明！我婆家、娘家現在對我都只有一百分的稱讚，而我也真的慶幸我的堅持有代價，小松直到現在也是我最百分百療癒的寶貝兒子。請記住，寵物寶貝絕對不是累贅，牠是你和孩子、家人一生的好伴侶。

寵物的貼心與體諒

不需因為以前時時刻刻陪毛寶貝，現在有點忙就感覺內疚、覺得沒時間照顧就想要棄養，只要常常跟牠說說話，告訴牠：「馬麻很忙，但是我有空就會來陪你哦！」只要有心還是都找得到方法的。

媽媽不用給自己太多壓力，先把寶寶顧好，可以像我說的，用圍欄隔出空間給牠，這樣至少牠想出來就出來繞繞，不用一直被關住。

用時間改變偏見

旁觀者都只會出一張嘴（丟掉兔子等），但也不能保證孩子一輩子就身體健康，唯有做媽媽的堅持到底，才能夠證明。我當初就也曾心煩意亂過旁人的質疑，也懷疑自己是否能照顧所有的孩子（一般人早就懷疑一個完全沒有護理背景的新手媽媽，如何自己獨立帶兩個雙胞胎孩子和一隻寵物）。

小松從三個月大時就到我家，想當初牠是老公的姪子因為工作忙碌的關係，於是把牠帶回來養，轉眼間牠現在也要四歲了，我真心希望牠能開開心心地和我們一起度過每一天。讓我們一起向世人證明「愛是一切的真理」。現在結果證明，我是對的，而我這個媽媽也勇敢地保護了「三個孩子」，讓他們和我自己都有了更美好的未來。最後我祝福所有有煩惱的主人們都能以愛之名，跟自己心愛的家人，不論是寵物、親人，永遠在一起。

Part8
兔兔的肢體語言
用心和用眼睛觀察兔兔的感情

> ## 關於兔兔的肢體語言
> 兔兔不會發出聲音，要更用心去
> 觀察了解屬於牠們的動作和反應，
> 才能更深入了解牠們的世界⋯⋯

五 黑 （喜馬拉雅兔）
經由政府機關救援轉介安置。

兔兔肢體語言概說

由於兔兔不會說話，或用聲音表達想法，因此飼主們可以透過牠的肢體行為分析當下心情，並從中了解兔兔想要表達的想法，而做出適當的照顧調整。

雖然大多數兔兔的肢體行為都可以被分析解讀，但並非百分之百絕對，只能當作基本參考。兔兔的肢體行為還是會受到年齡、生活環境、與飼主熟悉度、健康狀況等主客觀因素而略有不同。以下列出兔兔常見的肢體語言，也將在後面章節一一解說。

抹下巴

抹啊抹啊抹，為什麼兔兔總是要用下巴抹來抹去？

騎乘行為

天啊！為何總是上演十八禁的畫面？在大庭廣眾之下看到其他兔兔也總是騎上去，有時候還會對身為兔奴爸媽的手發洩獸慾，真是令人尷尬。

兔子舞

這搖晃大頭扭屁股的暴衝動作是怎麼了？像鬼上身一樣蹦蹦跳跳，你是被嚇到嗎？

🐰 發情

通常性徵漸漸變明顯後，發情的頻率次數也會越來越多，一旦被誘發出來後，往往會造成一些困擾。

🐰 生氣跺腳

蹦！蹦！蹦！是在跳舞嗎？地板都要被踏破了，你怎麼了呢？

🐰 警戒攻擊

看起來軟綿綿的動物怎麼會咬人？好兇、好可怕！要怎麼知道你是不是在生氣呢？

🐰 理毛

只要做好環境的整理，保持通風和乾淨，兔兔其實都不用洗澡的，牠們都會清潔自己的身體喔！

🐰 搖尾巴

短短小小的尾巴搖啊搖好可愛，但這是代表什麼意思呢？

🐰 食糞行為

你有這麼餓嗎？還是在挑食？明明就有飼料也有牧草，為什麼還要把自己的便便吃掉？

抹下巴

　　兔子下巴處有腺體可以分泌特殊的氣味（人類無法聞到），好讓兔兔用來標示地區或占有物品。大家可以將這個動作想成是常見的狗狗抬腿尿尿行為，兔子用下巴抹物品表示牠認為這個東西是屬於牠的，或者屬於牠的地盤。

　　如果牠用下巴去抹別隻兔兔，表示牠認為對方是牠的屬下，若其他兔兔很安分地讓牠抹，就表示被抹的兔兔也認同牠是老大。

兔兔抹下巴影片。

騎乘行為

　　騎乘動作不一定只發生在異性兔兔之間，除了異性兔兔之間會有發情誘因而引發動作之外，若發生在同性兔兔之間，那都是屬於為了分出地域的高低性而引發的騎乘行為。

　　公兔在發情期常會有這樣的騎乘行為，有時候也會對飼主的手、一些稍小於自己體型的物體有這樣的動作。公兔在發情時，情緒會處於很興奮的狀態，跟著主人的腳邊一直跑和繞圈圈，只要找到小腿的位置就會爬上去騎乘。通常這樣的行為沒有一定的次數，一天內會發生好幾次。飼主可以準備小型娃娃或毛巾之類的物品給兔兔當作一個抒發情緒的代替品。

　　已結紮的兔兔還是會有這樣的動作，但並非完全消失，只是會隨著時間減少。如果再發生，通常會是在兔子身上，較強勢的兔兔會去騎乘另一隻兔子，以建立同一環境中地位的高低。經過這樣的情況，兔兔較能和平相處，但也不是絕對必然的和平。

兔子舞

　　一般來說兔子若開始不規則跳躍，並伴隨搖頭晃腦的行為，表示正處於一種開心快樂的狀態。兔兔會透過這樣的肢體行為來表達牠的興奮、心情好、想玩、好有趣等。大部分而言，這種行為都會持續一段時間並連續多次出現。部分害羞或對環境尚有戒心的兔子，則只會簡單地扭腰小跳一下就停止。

🐰 觀察兔子舞的時機

　　最容易觀察兔子舞的時機，或者說最明顯的跳舞年紀，大約是兔齡四個月～一歲之間。只要飼主提供的環境不造成緊張或壓力，這期間的寵物兔會非常自然且長時間高頻率地跳舞，即使在籠內也會開心地搖頭晃腦、轉圈跳躍。

　　如果飼主將兔兔放出來玩，兔子更容易在長型沙發、飼主床上、陽台區等安全開闊的地面出現加速衝刺、即停旋轉、橫向跳躍、空中扭腰等高難度的多元化兔子舞喔！

　　大部分兔子因開心而跳舞的行為，會隨著兔兔的年紀增長而逐漸趨緩。六歲以上的兔子只剩下偶爾的搖頭扭屁屁或簡單跳一下，甚至會完全停止這樣的行為。所

兔子舞影片。

以如果您家的兔兔正處於大量跳舞的時期，建議您趕緊把握機會拍下這些美麗又值得回憶的時刻喔。

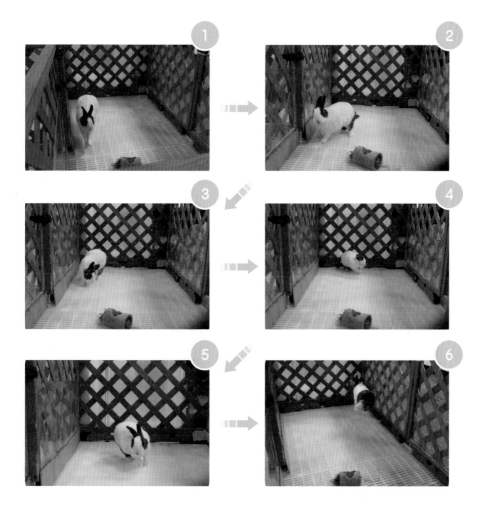

發情

兔子發情影片。

　　兔兔性成熟的時間
很早，三個月以上即有
可能因環境誘發因素而
開始發情。比如和其他兔兔生活在同一個環境中，包括同齡或已
成熟的兔兔皆有可能引發發情行為。若未結紮極有可能在四或四
個月以上開始有生殖能力。

🐰 母兔發情

　　母兔陰部會因充血而腫大，醫生不建議此時結紮。

　　發情的母兔情緒會較激動、不安、脾氣變得不好，對於被侵
略的地盤意識升高。在這個期間內，主人若有餵食、手伸入籠內
等動作，都會引發兔兔的主動攻擊和代表警示的噴噴叫。定點上
廁所的習慣也會改變，把環境弄得較髒甚至在尿液上翻滾讓自己
沾上味道。

　　另外還有一種特別的行
為是拔自己身上的毛（大多
是胸前）和唧草動作，稱之
為假懷孕（請參閱後續章
節）。

　　母兔發情大約有二～三
週長的時間（非絕對值），

● 正在發情的兔兔。

最短週期約在兩三天內再度進入發情期。這段期間的兔寶會因為個性的改變而讓主人無法接受，又因為特別兇無法被理解而導致棄養、送養等，但這些問題皆可藉由結紮改善。

● 啣草動作，通常伴隨著拔毛行為。

🐰 公兔發情

最直接判斷外觀的方式，即是因情緒興奮而生殖器外露。

公兔一旦性成熟，發情期會維持三百六十五天不間斷，一天之中只有騎乘動作發洩完後休息幾分鐘，其他時間則不停地轉圈圈和騎乘。精力充沛就像金鼎電池的兔兔，永遠停不下來。脾氣則是非常極端的兩種，一種是非常愛撒嬌親近人，一種則是很兇、攻擊力很強。

發情的公兔會有噴尿行為，籠內環境因此變得髒亂。通常這個時候的兔兔具有非常濃郁的荷爾蒙氣味，造成飼主的困擾反感而放棄飼養，這個問題可以藉由結紮而改善。

公兔發情會有的噴尿行為造成的環境問題。

用力跺後腳

　　兔主有時候會觀察到兔子突然用力跺後腳，並發出巨大聲響。有的兔兔只會短暫出現一兩次，但有的兔兔會一段時間內持續不斷用力跺腳。到底是什麼原因讓兔兔發生這樣的行為呢？

　　一般來說，兔子在生氣或緊張的時候會用後腳大力蹬地。主要目的是透過大力踏下所發出的巨大聲響來警告目標物或表示抗議。而在野外的兔子，當牠對環境感到害怕或認為有危機出現時，也會用後腿跺腳告知附近的同伴有危險了。

　　居家寵物兔由於沒有被獵食的危機，因此跺腳行為大多被解讀為生氣的現象。不過根據寵物行為學上的觀點，將跺腳行為解釋為單一的生氣現象又太過簡單，應該是屬於一個區間範圍，例如生氣、不開心、抗議、討厭等。

　　此行為好發的時間點大多在換新籠舍、突然出現陌生兔、有威脅性動物接近（貓狗等）、抱太久或是帶兔兔到干擾太多的陌生地點等。部分兔兔在跺腳一兩次後可以逐漸適應現況，但也有兔兔會持續不斷且越來越用力，甚至轉為低吼與壓身預備攻擊。

兔兔的踩腳行為。

　　長時間不間斷的踩腳行為，對於兔兔的後腳是有傷害的。若這樣的行為連續多日且持續發生，飼主必須檢查飼養環境帶來的壓力，或設法移除可能造成此行為的物品或味道（例如狗味、香水等），以防止兔兔的雙腳受傷。若一直持續無法解決，則至少要幫兔子的地板鋪上柔軟的墊子，避免直接衝擊的力道，讓兔兔逐漸習慣環境。

警戒攻擊

寵物兔雖與其他動物同伴（如貓狗）相比而言較為溫馴，但依然保有野生動物的領域性與攻擊性，尤其是未結紮母兔的發情期或某些對於領域性較強的兔兔。

當兔兔認定某個區域是牠的絕對地盤時，陌生人（飼主不一定被絕對認可能進入其領域）或其他動物貿然入侵，兔兔除了會跺腳或低吼（噗噗聲）警告外，也會用前肢撲向入侵者以示警告。這代表兔兔已經非常生氣或害怕，所以先用手推開作為一種抗議或警告。

● 寵物兔因聽聞犬吠聲而出現的站立警戒行為。

● 寵物兔壓低身體、略抬下顎，屬於一種害怕與反擊的前兆，此時若不離開，就會被兔兔攻擊啃咬！

兔兔的攻擊行為。

搖尾巴

　　一般來說兔子會在某些時候搖起尾巴來，小小的尾巴快速地左右或上下擺動，一陣又一陣偶爾配合扭扭頭、小跳躍或抹下巴，模樣相當可愛。

　　通常這樣的行為出現時，表示兔子處於一種較興奮的狀態，過去常解釋為兔兔一種開心的表現。比較嚴謹的說法應該是兔兔正處於一種心情好、發現某種令牠愉悅的新事物、某種期待被（或即將）實現等，也有可能是一種俏皮、感覺好玩、很舒服自在的肢體行為。

兔兔搖屁屁。

食糞行為

　　兔寶寶有個怪習性，就是吃自己的糞便。兔子要消化大量植物纖維，消化系統約占身體重量的10～20%。其中，螺旋形盲腸特別發達，容量占整個消化道的一半。

　　特殊的消化系統，讓兔子糞便分為：硬硬圓圓的「普通便」和深色柔軟的「盲腸便」。盲腸便含有蛋白質、維生素、益菌等，吃下肚能再一次被吸收利用。雙重消化，幫助兔寶寶獲取最多的營養。獸醫師也建議，養兔子時，最好用八成的牧草當主食，青菜水果當點心，才能讓兔寶寶頭好壯壯。

● 盲腸便。

● 正常便便。

愛兔協會與國科會製作的科學專案影片〈兔子就愛吃便便！？〉。

Part9
特殊狀況的照顧 該怎麼面對？怎麼處理？

> **特殊行為或病理上的照顧**
>
> 有些行為並無大礙，但要怎麼改善
> 才對呢？如果兔兔生病了該怎麼照
> 顧牠？

大馬靴 （比利時兔）

政府機關救援轉介安置。

睡眠

關於兔子睡覺的疑問，很多飼主可能都沒仔細看過兔子睡覺，頂多看過小兔兔放鬆趴著或伸出美人腿小歇片刻，因此誤以為兔子終其一生都不用睡覺，或都是睜著眼睛睡覺。其實兔子也是需要休息的，只是因為兔兔天性膽小且警覺性高，所以不易觀察。

🐰 乳兔較易觀察睡眠

兔子在大自然的定位屬於「被獵食者」，大如獅子、老虎，小如狼、犬甚至鳥獸毒蛇都有可能將兔子當作食物。兔子一旦離乳，為了生存自保，當然沒法像其他大型哺乳類動物一樣呼呼大睡到自然醒。

觀察三週內的乳兔最容易看到兔子的睡眠行為，只要吃飽了就跟其他同一胎的兄弟姊妹擠在一起呼呼大睡。但隨著長大與離乳，兔兔的睡眠行為就會越來越難觀察，成熟的兔子睡眠大多屬於淺眠狀態，以便隨時警戒或逃走。如果環境夠讓兔兔信任並完全放鬆，那麼牠也是會完全睡著、做夢，甚至說夢話流口水喔。

● 幼小兔睡眠較容易觀察。

🐰 放鬆、休息與淺眠

　　兔兔屬於較膽小的動物，如果周邊環境持續有陌生聲音或光影，那麼兔兔的休息狀態大多還是會倚靠在角落（或牆邊）趴或坐為主。當趴或坐一小段時間，兔兔開始適應環境時，會將四肢放入身體下呈現母雞孵蛋的姿勢（俗稱母雞蹲）休息或大膽地伸出後腿（俗稱貴妃躺）拉長身體趴下，並且偶爾偷偷閉眼睛幾秒鐘，或是眼睛闔上一半瞇著眼睛休息。這是大多數飼主飼養一段時間後就可以觀察到的現象，這也表示兔兔很信任主人了喔。

● 對環境適應放鬆睡著。

● 母雞蹲在休息的兔子。

● 兔兔的貴妃躺。

🐰 突然翻身倒下

當環境與主人都足夠讓兔兔信任時，牠就會開始躺下休息。兔子躺下的動作相當獨特且富趣味性，有時會站得挺挺地然後一瞬間無預警翻身倒下。這個動作由於太過突然，甚至倒下聲音太大聲，會嚇到沒經驗的飼主，以為發生意外了。

部分兔子喜歡將這個躺下的動作靠在牆邊或籠內角落進行，有時翻身倒下後會扭一扭身體再站起來，且重覆一兩次，這個行為很像在「喬個舒服的姿勢」，十足可愛。

若家中兔兔已經有翻身躺下的習慣，飼主不妨試著觀察兔兔的後續動作（不過需要非常大的耐心跟時間），已經翻身躺下的兔兔若沒有持續受到外界干擾（通常干擾源是飼主太興奮），那麼在兔兔找到舒服的姿勢後就會逐漸進入睡眠狀態。四肢與頸部逐漸放鬆，闔上一半的雙眼會在一段時間後閉起來並且逐漸張開嘴，這時兔兔就已經進入完全睡眠狀態。如果飼主夠幸運或兔兔神經太大條，那麼更可以觀察到兔子眼球與鬍鬚的震動（做夢），甚至會看到兔兔尾巴或手腳微微地抖動（夢遊？）。

好可愛的兔兔翻身休息。

噴尿

　　寵物兔飼主的各項煩惱中，兔兔的噴尿行為的確讓主人傷透腦筋，在清理上極大的不便，尤其一些兔兔噴尿區域廣大且不易清理，藏汙納垢產生的氣味以及蚊蠅困擾更影響到一起居住的家人或室友，甚至成為棄養的因素之一。

　　其實寵物兔的噴尿與上廁所行為基本上是兩道平行線互不相關，有乖乖使用便盆習慣的兔兔，遇到某些狀況照樣給你噴得四處都是。

🐰 噴尿的原因

　　大多數學者或醫生都認同兔子的噴尿行為是受到「領域性」和「占有性」兩個主要原因使然。兔兔為了在某處空間標示出領域性，除了抹下巴之外，更會以噴尿方式標註記號或遮蓋掉不喜歡的氣味，這種原始本能就像狗狗喜歡在各角落抬腿撒尿一樣。

　　有部分的公兔噴尿行為是為了宣誓對母兔的占有；或是母兔以噴尿方式警告其他母兔領域性等。因此無論是公兔或母兔其實都會有噴尿的行為，只是公兔比例較高且動作較誇張（相對於母兔）。

兔兔噴尿影片。

🐰 噴尿造成的錯誤印象

　　兔子的身體對水分的運用是屬於濃縮、回收式的機制，在此機制下所排的尿液會特別腥臭，且更容易孳生蚊蠅。由於過去老一輩的飼養法中，除了餵食之外並沒有特別做環境清理，兔兔間互

● 典型的兔兔噴尿行為。

噴尿液且未清理，造成了民眾對於寵物兔「好髒好臭」的錯誤印象。

　　事實上，兔子是相當愛乾淨的動物。有經驗的飼主都知道，兔子隨時隨地都在整理身體，只要飼主有固定整理兔兔的生活環境（尤其是尿液），兔兔完全不洗澡也不會有臭味產生。

🐰 噴尿難以制止

　　寵物兔噴尿行為有一部分屬於環境誘發式，原本在家中習慣好又不噴尿的兔兔，很可能因為參加了某次兔聚而從其他兔兔身上學到，或是因特別討厭（或被吸引）某隻兔兔而被「誘發」噴尿，甚至因家裡有其他兔兔（例如寄宿、新飼養、兔友來訪）出現而產生了噴尿行為。

　　有時候兩隻都不會噴尿的兔子也會相互誘導而產生互噴行為，甚至太開心、太興奮、太害怕都有可能噴尿。基於草食性動物社會間特有的學習本能，兔隻的噴尿現象屬於生物自然行為，只要被誘發就會產生，無法以人類的教育方式制止。

🐰 噴尿範圍

　　寵物兔的噴尿動作，首先是尾巴翹起呈上弓狀態，並呈現焦躁

探索或不斷旋轉，接著跳起以屁股方向針對某目標或某區域將尿液甩出，有時一次全部噴出，有時連續多次噴出，直到滿意為止。

噴尿行為基於動作使然，範圍可以遠到五公尺以上，若兔籠本身有架高或是從高處噴灑，則十公尺外遭殃都有可能。

● 噴尿行為讓飼主難以維持清潔，兔兔也會將自己弄得髒兮兮。

🐰 杜絕噴尿行為

就現有臨床案例而言，幫寵物兔結紮幾乎可以杜絕大部分的噴尿現象，公兔尤其明顯。大部分兔兔在完成結紮手術後，噴尿行為會隨著時間遞減，最後大約在半年到一年間完全終止。偶爾會受到外在影響（譬如兔聚、陌生兔到家裡）再次有噴尿行為，但大多都屬偶發現象，持續性、連續性的噴尿行為幾乎很少復發，也讓飼主可以更輕鬆地整理環境。

🐰 讓愛兔更親人

在自助送養會場的不少案例中，有些兔兔被送走的原因就是太愛噴尿。噴尿無法即時清理（飼主上班或上學）的結果，導致蚊蠅或異味產生，遭家人或房東、室友抗議，無奈之下只好將兔兔送走。

但大多數因「噴尿」行為而想要送養的飼主，在經過志工溝通與建議透過結紮手術杜絕惱人的噴尿行為後，也讓愛兔重回飼主懷抱，得以洗刷骯髒的罪名。

假懷孕

● 啣草現象。

　　基於天生的特殊生殖系統構造，未結紮的母兔在成年後會開始發生「假懷孕」現象，這是由內分泌所引起的。當有懷孕的母兔進入到懷孕後期，約生產前三天到生產當天時，會出現大量拔毛、啣草不放、食量大增、泌乳、比較敏感甚至出現攻擊行為，而「假性懷孕」的母兔也會出現一模一樣的情形。

● 拔毛現象。

　　這是因為在大自然中，兔兔屬於被掠食、較弱勢的一方，母兔有可能在生產小兔的過程中死亡，或是生產之後遭受攻擊而死亡。此時，「假性懷孕」的母兔便可以接替死去的母兔照顧未斷奶的小兔，使生命繁衍下去。對於自然界的兔兔族群，「假懷孕」很常見，也是一種必要的現象。

　　雖然寵物兔在長期馴養下不若野兔那樣有明顯的繁殖期，因此比較不會有很規律的假懷孕現象，但還是會偶發或間斷性地出現。

　　不是每隻母性寵物兔都會發生假懷孕，也有部分未結紮的母兔終生都沒出現過。當您家中的母兔明明沒有交配卻出現食量大增、脾氣暴躁，到後來還拔毛以及啣草做窩時，千萬不要以為兔兔在無聊發神經，這只是很自然的天性，等一個週期過去就好了。

兔子生產前假懷孕的啣草築窩現象。

結紮手術

　　台灣地區民眾對於寵物結紮的觀念並沒有真正落實，大多數民眾是以生育作為基礎點考量，例如只養一隻、都養同性，或想讓牠生一次就好等。而另一部分民眾則基於宗教、自然、生命等立場，對於寵物結紮持反對或保留的意見。其中除了宗教信仰外，絕大部分的民眾都可以透過教育宣導、持續溝通等方式逐漸接受並了解結紮的觀念。

●三隻完成結紮手術的孿生姊妹：剪刀、石頭、布。

　　幫寵物兔結紮並非只有單純的生育考量，而是顧及到寵物的身體健康、環境維護、與人互動以及更適於社會友善等的綜合考量。畢竟寵物居住在人類的世界中，飼主有必要協助其社會化與建立友善的環境。

有關飼養寵物兔必須結紮的觀念，大多承自過去社會對於飼養寵物的社會規範與經驗，再加上寵物兔本身特性綜合考量而來。尤其兔隻的繁殖力遠勝貓狗，生殖系統病變的機率也比貓狗高，寵物兔的結紮絕對有其必要性甚至更甚貓狗。

　　本篇簡單列舉十個結紮考量點，希望讓更多兔友在閱讀後能接受並實際執行。

🐰 結紮的考量點

1.杜絕失控的繁殖速度

　　兔子的繁殖力強大，並非貓狗一樣可由人爲所控制。一對成

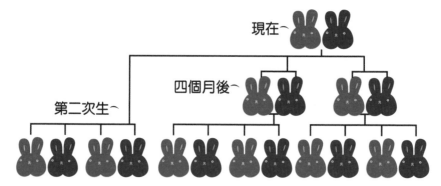

● 寵物兔未結紮的四個月生育預估圖。

飼主未幫寵物兔結紮導致
飼養失控的案例影片。

熟（六個月以上）的公母兔，一年內能完成四～六代超過兩百隻以上的持續生育，這對飼主而言是絕對無法想像的。

2.降低領域攻擊性

大多數未結紮的母兔在發情期都具有強烈領域性，脾氣變得暴躁易怒，且領域性增加後，對於雙手伸入兔籠或靠近其地盤時，會有明顯的防禦動作，甚至對飼主或其他兔兔主動攻擊。

● 發情母兔的對人攻擊性。

3.停止假懷孕造成的傷害

基於生物特性，未結紮的母兔每隔一段時間會有假懷孕現象。此時母兔以為自己懷孕準備生小兔了，因此會大量拔下自己胸前兔毛，並吞噬進嘴裡準備做小兔窩。大量兔毛進入體內容易造成腸胃阻塞或腸胃遲滯，被拔光的胸口也會有局部脫毛或紅腫現象。

4.防止生殖系統病變

各項醫學報告與病理研究均表示，未結紮的母兔在三歲過後，子宮腺瘤等生殖系統病症機率開始成等比級數上升，其五年內好發率可高達60～80%不等。通常等飼主發現病症都已經相當嚴重，且因年紀大，相對復原力低而導致後續治療與救助上的困難。

其好發原因主要是發情假懷孕等生理現象，讓子宮腺體週期性不斷增長（兔子沒月經，不像月經動物一樣會排出），原本應

由自體吸收與消退的機制卻因兔子的年紀增大而消退不及。當固定的增生與消退週期被破壞後，就成了子宮腺瘤的起始病因。

幫母兔結紮（切除子宮卵巢）可完全杜絕此一狀況，且完成結紮的兔兔平均壽命高於未結紮兔兔至少三年以上。公兔結紮則可完全杜絕睪丸癌的產生，或其他因發情所產生的行為問題。

5.杜絕噴尿習慣

大部分未結紮的公兔會有噴尿習性，噴尿範圍相當廣大，若不及時清理易造成環境髒亂與蚊蠅孳生。

6.降低騎乘行為

未結紮的公兔會有持續不斷的騎乘行為，動作相當誇張且不限於母兔，舉凡飼主手臂、腳跟、毛巾、娃娃，甚至桌椅腳等柱狀物都會引發公兔的騎乘行為，且樂此不疲從不間斷。公兔騎乘時會用嘴咬住某處固定自己以方便騎乘，因此容易啃傷飼主手臂或小腿，或破壞弄髒家具。

7.減少外生殖器受傷率

未結紮公兔的持續騎乘習性，時間久了會導致生殖系統過度摩擦受傷或是長時間對錯誤物品（例如對堅硬物、刺狀物、不乾淨的布類發情）的發洩導致陰莖受傷。而部分成熟公兔的睪丸十足碩大且外露，在公兔移動跳躍時很容易與地板過度摩擦受傷進而產生壞血或其他病變。

8.必有的基本禮貌

有些飼主對於自己公兔的騎乘行為不但不介意，甚至以此為與兔兔互動的癖好，但這樣的行為並不是每個人都可以接受。尤其在兔友的聚會場合中，飼主放任未結紮公兔騎乘的行為絕對會被兔友圈所唾棄，即使其他兔友的母兔已結紮也不可如此。萬一公兔對未結紮母兔出現騎乘動作，其交配成功率高達90%以上（母兔沒有安全期，交配後才誘發排卵），這樣的後果就不是一句道歉可以解決的。

9.更穩定且親人

大多數寵物兔在完成結紮手術復原後，沒有了上述發情、假懷孕、領域性、噴尿、騎乘等行為，兔兔的精神就會放在與主人相處的互動中。因此只要主人好好愛牠，兔兔的個性就會逐漸變得溫和易於親人，甚至開始和主人產生更多良性互動。

10.更衛生更乾淨

兔兔結紮後不會再產生費洛蒙（過去俗稱的兔子味），因此唯一的臭源就只剩下尿液的氣味。只要飼主以正確方式好好使用墊料或勤於整理環境，再加上兔子喜歡整理自己身體的好天性，即使不洗澡也可以一直保持全身香噴噴甚至淡淡的青草香，會讓更多人一起愛上牠喔。

● 與飼主互動的可愛兔。

新生兔照顧

對於第一次照顧新生乳兔或一時間不知所措的新手而言，其實照顧新生兔最好的方式就是「什麼都不要做」，乍聽之下很殘忍但其實是最好的方式。只要環境有依照上述方式整理好並且照顧好母兔，那麼「不觸摸、不要動、不干涉、接受自然哺乳、接受耗損」，以最自然的方式讓母兔自己照顧乳兔即可。

一般而言，新生兔本來就有30～40%的自然折損率，母兔也會根據自己的體力與照顧能力而決定留下哪幾隻，基本上被媽媽淘汰的都是身體有問題或健康狀況不佳的乳兔，以人為力量強行照顧當然可以，但通常後續存活率以及健康狀況不會很好。

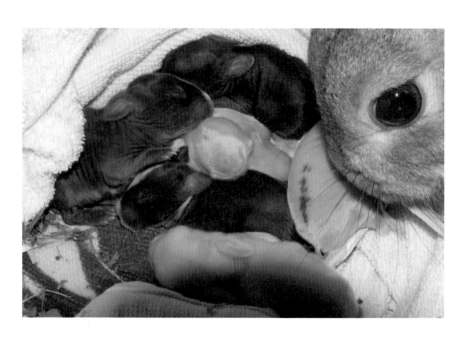

🐰 幫兔父母結紮

小兔離乳後，請務必先將兔爸爸與兔媽媽一起完成結紮，避免持續生育。而幼兔四～六個月就會有生育能力，所以規畫一兔一籠以及準備幫長大後的小兔安排逐次結紮（性徵成熟即可結紮）非常重要。

🐰 人工哺乳

飼主以人工方式協助兔媽媽哺乳，要先學會安穩地將兔媽媽「嬰兒抱」，並確定在餵食過程中兔媽媽不會因為疼痛而翻轉、踢蹬、啃咬。

進行人工哺乳時，飼主先用雙手抓取便盆（或底盆）內的兔媽媽尿液，並大量搓揉在自己雙手上，接著先將兔媽媽嬰兒抱在懷中，用手觸摸兔媽媽乳頭以確認位置和腫脹程度，接著將乳兔放在兔媽媽腫脹的乳頭附近。這時乳兔會自己用頭探測乳頭的實際位置，一旦碰到就會立即吸吮並發出可聽到的奶水與吸吮聲。

飼主的手掌須隨時保護乳兔，避免兔媽媽因疼痛翻轉、踢蹬時將乳兔摔出。乳兔吸完一個奶頭後會去找下一個一直到喝飽為止。請儘量兩人互助，一人抱兔媽媽、一人協助乳兔吸奶，以增加安全性。

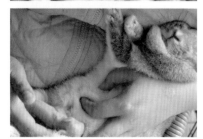

● 以人工方式協助兔媽媽哺乳。

🐰 針筒代乳

在兔媽媽沒有乳汁、具攻擊性、無法嬰兒抱，或撿到乳兔但找不到兔媽媽時，會緊急使用針筒代乳。若買不到兔代乳可使用一般市售的貓代乳（奶粉），非不得已不要使用人或狗的代乳。

使用代乳時先根據產品說明書上的調配建議量以溫水調配，再用1cc無針頭針筒（動物醫院都有）吸出備用。要進行代乳餵食時，飼主先用雙手抓取便盆（或底盆）內的兔媽媽尿液，大量搓揉在自己雙手上，確認雙手充滿兔媽媽味道再碰觸乳兔。

飼主先必須了解針筒代乳與灌食是不同的，並不是將代乳灌進乳兔肚子裡。飼主要先會控制針筒出奶量，輕輕擠壓或輕敲針筒末端，讓代乳的表面張力在針筒前端型成一顆小水珠，緊接著讓乳兔的嘴觸碰到這個小水珠，乳兔自然就會大口吃下這豐盛的一餐。

請勿讓整顆水珠貼到乳兔的正面臉上（口鼻相通有時會嗆到至死），而是要將小水珠精準地點到乳兔嘴邊。如果沒有把握，可輕點在乳兔嘴巴的下緣處，透過毛細現象讓乳兔吸或舔到。泡好但未食用完畢的代乳不可重複使用，已開封的奶粉則要避免陽光直射或受潮。

● 以人工方式協助兔媽媽哺乳。

剃毛

撰文／小米　整理／卡巴曼楚

台灣夏季炎熱多溼，穿著兔毛大衣的兔兔隨時會因為飼主不察而中暑衰竭，且悶溼的環境容易導致皮膚病。除非飼主家境優渥可提供二十四小時恆溫空調的居住環境，否則僅靠吹電扇或開窗戶等小措施，有時兔兔仍會有

● 正確剃毛可協助寵物兔散熱。

食慾不振或呼吸急促的淺中暑現象。因此，幫兔兔把毛剃短是大多數兔友與醫師認為有效的消暑方式。

🐰 寵物剃毛爭議

剃毛是否可有效幫寵物散熱？其實這不是一個已經被學術界普遍承認的定律或學說。部分生物學家認為，用人類穿衣服保暖來解釋寵物毛髮的作用過於單純。厚實的毛層除了保暖外還有緩衝穿刺、吸收或反射熱源、探觸、調節身體機能等複合式作用。

有時毛髮反而是為了保護皮膚不受熱輻射影響而生長（同理沙漠民族全身著長袖而非短袖），失去毛髮保護的動物很可能造成皮膚摩擦、穿刺、失去對溫度的調節力等不可逆傷害，因而有人反對剃毛。

🐰 熱對流原理

由於熱對流是由溫度高傳導到溫度低，與接觸雙方的質量、密度、大小或物種都沒關係，飼主在決定是否幫寵物兔剃毛時，應將寵物兔的生活環境溫度納入考量。

例如寵物兔正常體溫約39度，若寵物兔生活環境中經常接觸物品（如地板、沙發或草皮）的溫度低於39度，那麼幫寵物兔剃毛是可以有效幫助兔兔在生活中的接觸散熱；但若寵物兔生活環境中會接觸到高於39度的物品（例如陽台、西晒、柏油、經常性戶外移動等），那麼剃毛後失去毛髮保護的皮膚，反而會因為熱對流而吸收大量熱源，導致熱衰竭（中暑）現象。

🐰 正確的剃毛方式

在了解贊成與反對兩方意見並綜合各項考量之後，以「局部剃毛協助散熱、保留必要毛髮維持保護功能」為最多飼主與醫師所接受。所謂「局部剃毛協助散熱」是以背部到腹部之間的毛髮為主，也就是比基尼式剃法。

● 比基尼式剃毛是最被飼主與醫師接受的選項之一。

如此一來兔兔趴在冰涼的磁磚或鋁製散熱墊休息時，可以迅速將過多的吸收溫度傳導出去，也可以透過吹電扇、貼著牆壁等方式從背部散熱。而四肢末端、頭顱、顏面、尾巴等處，除非醫療需求否則不建議剃毛。

🐰 飼主親自剃毛的優點

不少兔友怕弄傷兔兔，而委託寵物店或寵物美容店剃毛。事實上寵物美容店一樣有可能弄傷兔兔，且大多數店內的美容師對於兔子的掌握度不夠專業，很容易發生受傷、摔落，甚至驚嚇過度死亡的意外。自己動手的優點是比較容易拿捏抓兔兔的力道，並適時給予安撫。

從經濟面考量，讓人家剃幾次就夠買一隻剃刀了。且自家環境比較單純，沒有其他健康情況不明確的動物來來去去；自家的剃刀也只有自己的兔兔使用，比較不容易傳染皮膚疾病，許多皮膚疾病在尚未擴大前，隱藏在內層的病源或病徵並不容易直接用肉眼看出，飼主透過親自剃毛，可以有效預防這類皮膚疾病。

🐰 剃毛過程分解動作

電剪剃刀用法和梳子其實差不多，只是梳子換成電剪，遇到關節等突出部位時要小心放慢速度即可。如果新手擔心會弄傷兔兔，可以先關掉電源，拿著電剪在兔兔身上模擬練習一下，感受兔兔身上的曲線和推進的感覺。在尚未熟練前請先順著毛生長的方向剃，除非很熟練了才能逆毛剃，不然很容易把兔兔剃受傷！

1.安撫兔兔

面對容易緊張的兔兔，或飼主自己也很緊張時，就別急著動手。可以先試著幫兔兔緩和情緒，稍微輕壓牠的身體讓牠趴下，並撫摸頭部和頸後，等牠慢慢平靜放鬆後再進行下一步。

2.習慣聲音

面對一些比較容易緊張或還沒被剃過毛的兔子，飼主可以在
準備時先將電剪的電源打開讓兔兔習慣聲音，並以電剪背面貼著
兔兔，讓兔兔習慣電剪的震動。

3.循序漸進

千萬不要直接剃背部正後方脊髓處喔！要先從背部兩側較平
坦的地方下手，輕輕用手掌壓住頸部和肩膀，並用大腿頂住兔子
屁股，讓牠無法倒退，接著逐刀逐刀慢慢剃。如果兔兔真的很緊
張那就不要一次剃完，讓兔兔休息一下再繼續，或分成幾天剃都
可以。

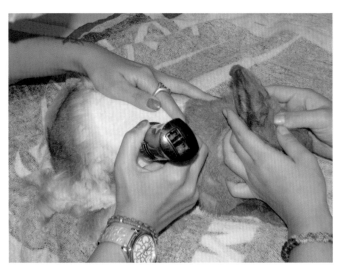

● 從背部兩側平坦處先下刀。

剃完背部較平坦的部分後，接著是屁股和身體兩側，這兩個地方因為角度比較不平坦，可用手把兔兔的毛皮向左或向右拉緊一些會比較好剃，也比較不容易傷到兔兔。

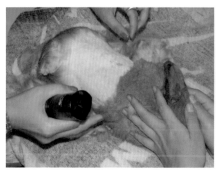 

● 先用雙手感覺股椎、肚肚間皮膚的　● 從左右兩側拉起肚肚的皮膚下刀。
　鬆弛度。

4.注意敏感部位

兔兔的腹部有多對乳頭，對於腹部到鼠蹊處相當敏感，沒有經驗的新手很容易不小心剃到乳頭造成流血，或因兔子掙扎而受傷（包括人受傷），因此若沒把握鼠蹊部與陰部四周，用剪刀小心修剪即可，但請注意皮膚和毛髮的連結位置避免因毛糾結看不清楚反而一剪就剪到肉了，若無把握請別逞強，用針梳小力梳開。

5.不用剃的部位

四肢末端、頭顱、顏面、尾巴等處均不建議剃毛，這些地方都屬於兔兔正常活動下常會接觸異物的位置，保有適度的毛髮是為了保護，若這些部位毛髮過長糾結，用剪刀修一下或者針梳梳開就可以了。

6.剃毛後的注意事項

剃毛之後需要特別注意環境清潔，因爲這時兔兔的身上少了毛髮的保護，比較容易被蟲子叮咬！所以更需要保持環境整潔。

此外由於少了毛髮的保護，飼主要儘量避免兔兔直接接觸高溫的環境熱源（陽光直曬的金屬或踏墊等），以免熱對流反而讓兔兔熱到！最後記得給接受剃毛的兔兔一些獎勵喔！讓兔兔覺得剃毛不是一件痛苦的事情，乖乖剃完之後就可以得到獎勵！

每隻兔兔個性不同，如果您的兔兔眞的很不想脫下牠的兔毛大衣，請您就不要執意幫牠脫下，畢竟這樣可能會讓兔兔留下不好的印象！

剃毛說明影片。

抱兔子

　　抓兔耳朵其實是不正確的保定方式，因為抓兔耳朵來支撐其全身重量，極可能造成耳朵的傷害，使得耳朵的散熱及感應四周動靜的功能喪失，所以不要隨便抓兔子的耳朵

　　兔奴最基本的功夫要學會如何抱兔子，好讓兔兔在懷裡更安穩，無論外出踏青或去醫院健診時，正確的抱兔子才可以避免讓兔主子受傷，更可以增進我們跟兔主子的感情喔！抱兔子之前，必須先淨空桌上物品並靠近桌面，注意不遠離地面。兔子若躁動不安，就著地不強求。

🐰 抱兔子的保定方式

直立抱

是最基本一定要學會的方式。

① 將兔兔的頭朝向自己，安撫摸頭。

一手放進胸部。 ②

③ 一手托住屁股。

將放進胸部的
手抬起。 ④

直立抱保定法影片。

⑤ 將托住屁股的手托起。

直接抱起來後放在胸前。 ⑥

⑦ 放進胸部的手抽開。

完成。 ⑧

Point : **托住屁股的手不要放掉。**

嬰兒抱（進階抱法）

　　嬰兒抱是將兔兔翻過來像小嬰兒一樣四腳朝天抱的抱姿，大多是就診時醫生會使用的方式之一，以方便翻身檢查兔兔的肚子或者下腹部和屁屁的地方是否有糾結或沾黏等。但大多數的兔兔並不喜歡這樣的抱法，一些不習慣的兔兔容易產生較緊迫的情緒，若兔兔不願意的話切勿勉強，以免造成骨骼傷害。

1　兔兔屁股對著自己。

安撫摸頭。　2

3　一手成八字形。

八字形的手放進胸部。　4

另外對於嬰兒抱法習慣而且可以泰然自若的兔兔，也可以用在**翻身保定**後來剪四肢指甲的保定方法之一。

嬰兒抱保定影片。

一手托住兔兔屁股。⑤

拖住屁股的手托起。⑥

⑦ 手呈直立的狀態。

手呈彎曲狀。⑧

⑨ 手轉進來讓兔兔躺在我們的手和身體中間。

完成。⑩

毛巾抱

常用於抱焦躁不安的兔子，或餵藥灌食時使用。

① 將毛巾摺到合適的
大小。

將兔兔放在毛巾
上。 ②

③ 兔兔的頭露出毛巾
外二分之一。

④ 左邊向內包，包住
一個定點。

毛巾抱保定法影片。

⑤ 後面往前包。

右邊向內包。 ⑥

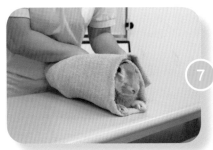

⑦ 完成。

Point 8 **記得還是要托著屁屁喔。**

鼻淚管按摩

兔兔的淚眼汪汪，主人的細心照護很重要。如同復健一般，需要時間治療康復，除了定時按摩來舒緩鼻淚管阻塞的狀況，還要幫助兔兔清洗眼內的異物，避免眼睛再受刺激加深病狀。

● 鼻淚管不通順導致眼眶周圍紅腫脫皮、毛塊糾結。

若是長期置之不理，眼睛產生的分泌物長期累積於眼睛周圍的毛髮而糾結或結塊、毛塊沾黏而脫落，眼眶外會紅腫脫皮，甚至滲血而非常嚴重。

🐰 鼻淚管阻塞按摩步驟

1.清洗

兔兔的眼睛會因為外來的異物刺激（比如毛、粉塵等），正常下會產生淚液，經由淚液的溼潤和清洗，淚水經由鼻淚管帶離。但若碰到不通暢的鼻淚管，淚液會累積在眼球上面，異物也會堆積。所以主人在按摩鼻淚管之前，可以先用生理食鹽水沖洗眼睛（微量水滴），然後用衛生紙擦乾眼睛四周，保持乾燥避免潮溼。

2.按摩前的準備

準備一個可以透熱的玻璃瓶，裝入八分滿的溫熱水。放在掌中可以感受到溫溫的熱度，但不要太燙。

3.按摩

如下圖，順著眼睛慢慢前後按摩滾動，力道適中。兩眼前後按摩約十五次後休息。

可以利用這時候點醫生給的藥水，但還是要記得點完藥水，眼周圍要用衛生紙擦拭保持乾燥。之後再繼續慢慢按摩前後約十五次（視兔兔的安定狀況增減次數）。

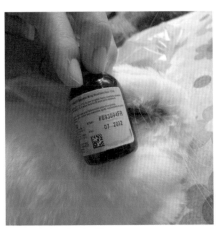

病徵觀察

　　兔子在自然環境中屬於被獵食者，族群為了生存而發展出許多獨特的生理構造（例如視角、Z字型移動、生育力等），通常被獵食的小型野生動物對於身體可承受疼痛的能力都相當強，身體不適時也很少表現出行為徵兆與發出聲音。

　　這原本是為了避免過多的痛楚行為反被獵食者盯上，但對於被人類飼養的寵物兔而言，這樣反而讓飼主難以從聲音與動作觀察出病徵，所以新手飼主很難察覺兔兔的身體不適。當你發現自家寶貝有以下狀況，就要特別注意兔兔是不是生病了喔！

● 親力親為的觀察，才會知道兔兔的健康狀況。

🐰 兔兔可能生病的徵兆

- ☐ 活動大幅下降，對原本感興趣的事物變得不理會。
- ☐ 食慾突然下降很多，甚至不吃東西。
- ☐ 糞便形狀不正常或減少。
- ☐ 排便變小或肛門附近沾黏到軟便。
- ☐ 局部大量不正常脫毛甚至露出紅腫皮膚。
- ☐ 嘴巴至脖子處潮溼，有流口水的現象。
- ☐ 尿尿顏色與平日不同。
- ☐ 眼神黯淡無光，眼睛周圍溼溼的。
- ☐ 耳朵有異味、身體出現異味。
- ☐ 身體僵硬或四肢動作不自然，不願意移動。
- ☐ 抽蓄或站立時無法平衡。
- ☐ 眼睛出現不自主顫抖，走路不穩摔倒或是翻跟斗。
- ☐ 拉肚子。
- ☐ 呼吸急促或需要張嘴呼吸。
- ☐ 腹部腫脹且呈緊繃狀。

🐰 對比式觀察

許多觀察都必須「前後比對」，因此飼主平時照顧的親力親為就很重要。例如活力變差，飼主必須知道兔兔平時的活動量與習慣以及感興趣的事物，才能正確地知道兔兔是否活動變差，或只是單純懶散而已。

糞便觀察也是一樣，只有平時勤於清掃的飼主才能感受到兔兔糞便的形狀與量的變化等。所以在疾病觀察上，飼主平日的觸摸、互動與照顧是非常重要的。

藉由糞便可以觀察兔兔是否生病了，平時要多留意兔兔糞便的大小和形狀，若有異常則代表身體出現警訊。可以用拍照的方式拍下或者留下糞便，帶去給醫生去參考，才能夠對症下藥喔。

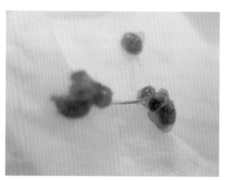 

● 帶有黏液膜的便便。

● 太小的便便（必須參考兔兔的體　● 大小不一形狀橢圓的便便。
　型）。

🐰 有狀況就送醫

　　症狀有可能單點或多項複合式出現，因此發現有狀況時都請先帶去給醫師做檢查與診療。有的狀況雖是小疾病但也可能是其他重大疾病的前兆！可千萬不要忽略了。

　　尤其是在飲食部分，飼主一定要每天盯到「有吃、有排、有尿」這三要素缺一不可。

　　兔子不像人類可以空胃忍受飢餓，兔子是二十四小時都需要持續進食的動物，胃與盲腸（主要消化器官）不能呈現空無一物的狀況。一旦肚子呈現空空的狀態，很容易造成整套消化系統的菌叢失衡，而產生許多問題。如有發現異狀，請儘快帶去就醫喔！

　　身為兔奴，如果遇到兔兔生病不吃不喝的時候，事情就大條了。除了馬上預約醫院，一定要想盡辦法讓牠能夠吃下食物或喝水。可以試著給予水分多的蔬果，或者新鮮的小麥草、苜蓿草（先不考慮年齡，以必須要吃的前提之下給予），但如果連後面這兩項都無動於衷，那麼請準備好這場灌食抗戰吧。

　　灌食本身並不難，飼主要有個夠堅強的心去克服一些狀況。比如兔兔拳打腳踢的掙扎、百般折磨的抓傷等。這些過程雖然對兔兔來說都是辛苦的，但若因為心疼而放棄餵食，只會加重病情造成更嚴重的後果。

🐰 準備物品

1.針筒

　　大小針筒皆可，看自己的使用習慣，初學者建議用小針筒嘗試，以下皆以大針筒做說明。

2.發泡飼料＋草粉

泡溫水至泥狀。可加些許糖漿（可向兔科醫院詢問）或嬰兒食用果泥。

3.毛巾

使用毛巾抱（請參閱前面章節）。

4.衛生紙

擦拭用。

🐰 灌食步驟

須了解自身兔兔習慣哪種被抱的方法，大多建議使用毛巾抱法做保定。

1. 將針筒前方的小細管剪掉，可以試著用剪刀將洞口挖大一點點。

2. 吸取飼料泥約1.5ml（建議一口氣灌進去的量，無需太多一次一次慢慢來）。

3. 從兔兔的嘴邊插入約深至針筒1ml左右的深度，非常重要。

大部分的主人會因為不敢或者擔心，造成插入嘴角的深度太淺，通常這樣灌入很快都會被兔兔用舌頭吐出來，這樣不僅未達效

果，還要花更多的時間去灌食，加長兔兔被灌而不舒服的時間。

4. 目標次數，循序漸進。建議一次灌食的份量為1ml × 20次，以
   少量多餐的方式進行，中間間距時間大約是四十～六十分鐘，
   若中間過程兔兔有自行吃飼料，即可拉長灌食間距。

● 學會灌食的技巧，也可以在餵藥時使用，餵藥的方法在下一篇作介紹。

灌食示範影片。

餵藥

餵藥影片示範。

　　兔寶平時不生病，生起病來要人命。耗盡心力求穩定的前提，一定要按時吃藥才會好。除了學習如何使用針筒餵食，也要學習用針筒餵水。難免會碰到需要外出的時候，若遇到距離比較遠的地方，兔兔在外花的時間比較多就會需要補充水分。萬一在外比較緊迫的兔兔就會需要用針筒不定時補充灌水（以下以餵藥做說明，平時在家可以用蜂蜜水做練習）。

🐰 餵藥步驟

1. 先用針筒吸取所需的藥量。
2. 選擇毛巾或者嬰兒抱做保定，或者直接在桌面上安撫後餵食。
3. 從兔兔的嘴縫旁灌藥，針筒插入嘴裡的深度約需0.5～1ml才能在推藥時成功餵入，避免被兔兔的舌頭頂出。

緊急醫療箱

　　人生總有意外，有準備就不用慌張，兔兔也需要有個緊急醫療百寶箱喔！常遇到的狀況不外乎是剪指甲流血，該怎麼辦呢？記得不要怕、不要尖叫、不要脫手放兔子在地上跑，請打開百寶箱拿出止血粉灑在傷口上，用紗布直接在傷口上加壓止血，不用太久血就不會再流了。

　　醫療百寶箱內容物應以居家護理、緊急傷患處理等所需要的基本設備與工具為主，存量需足以應付至少半天份或兩隻兔兔使用，大小與容量以飼主可外出攜帶為主。

🐰 緊急醫療箱內容物

護理耗材類

　　□止血粉

　　□優碘（不要用碘酒）

　　□葡萄糖粉（葡萄糖液保存時間較短）

　　□空針筒（大小都要有）

　　□生理食鹽水

　　□棉花棒

　　□紗布

　　□彈性繃帶

工具類

□剪刀　　　　　　　□鑷子

□毛巾　　　　　　　□指甲剪

□各類毛梳

其他類

□全台灣兔科醫院聯絡電話卡

□兔友聯絡卡（自製）　　□乾洗手

□簡易純氧罐　　　　　　□照顧小手冊

🐰 緊急醫療箱存放原則

　　緊急醫療箱應放在兔兔或孩童無法直接碰到的位置，且距離地面至少五十公分以上，以避免地板溼氣影響內容物的品質。不可置於窗台旁以免日曬、距離爐火應一公尺以上，如以木櫃或其他封閉式壁櫃存放者，應在櫃外做明顯的標識以利緊急時取用（通常發生狀況時，飼主大多在照顧兔子而必須請其他人協助取用）。

　　不建議放在有蓋式的塑膠箱內，以免層疊取用不便。緊急醫療箱內容物無論有沒有過期或開封，都應該每半年做一次檢查與更新，保持各藥品與用品的使用安全。

重症照顧與心態

　　每位飼主當然都喜歡兔兔永遠健康活蹦亂跳，但是意外之所以叫作意外，就是總會出現在你完全意想不到之時。

　　如果家中兔兔發生了令人遺憾的事情，如常見的骨折癱瘓、牙齒穿刺或是歪頭症等需要特殊照顧的重症時，飼主當下一定非常沮喪且手足無措。如果我家兔兔發生了千萬分之一機率的事時怎麼辦呢？

🐰 求助專業醫療

　　面對突如其來的意外，一時之間飼主通常會驚慌失措，即使閱讀過相關書籍或知識。這時有些飼主第一件事情不是看醫生，而是到各大網站論壇去翻找自家兔兔症狀的文章或四處詢問網友，但您知道嗎？許多醫療延誤和錯誤卻也是這樣來的，兔友畢竟不是醫師，且網路陳述與臨床現狀也不會一模一樣，每個兔兔案件都是獨立的。

　　所以請記得一件事情：面對緊急狀況請先送醫並信任您的醫師，聽從醫師囑咐做後續照顧及治療，才是對兔兔最恰當的照顧，請相信合格的兔科專科醫師會幫您和兔兔渡過這段非常時期。上網翻找查閱相關病例與文章的行為應該是在就診完成必要的緊急處置之後。

飼主的支持與照顧

對於重症的兔兔來說，只要兔兔願意吃東西就代表牠有生存下來的意願，如果可以就請給牠個機會。在兔兔生病的當下，飼主給予的鼓勵和支持相當重要，請像照顧家人般地照顧牠，兔兔能感受我們對牠的不離不棄而提高活下來的意願。

大部分願意活下來的兔子都能逐漸適應自己身體上的轉變，即使醫療完成後有不可逆的身體障礙，牠們都可以發展出一套自己的生活模式。兔兔們並不會在意自己的外觀或行為與眾不同，只要飼主不輕易放棄牠。即使兔兔在歪頭的狀況下，還是可以歪著頭開心地看世界！

● 歪頭兔也可以照顧得很可愛漂亮。

愛兔之家病例與照顧

二○一一年左右，協會有隻非常勇敢的兔兔「眨眨眼」。很久很久以前眨眨眼過著沒有牧草的生活，所以牙齒慢慢地變長並且穿過眼睛，這嚇到了飼養她的壞皇后，還把眨眨眼給趕出家門。幸好英勇的王子騎兵隊第一時間救援

● 愛兔眨眨眼。

了眨眨眼並帶牠到醫院治療，即時把受感染的眼睛摘除保住了性命。

後來眨眨眼住進愛兔之家並接受小僕人照顧，但好景不常，眨眨眼牙根處開始病變且不斷長膿包，必須不停地清創與吃藥。膿包占領了眨眨眼的整個頭與臉，讓眨眨眼整臉都變得坑坑洞洞。但勇敢的眨眨眼依然非常努力吃東西並配合治療，也答應為了小僕人努力地吃，絕對不會放棄。

即使如此，眨眨眼還是非常期待出來遛達，還會開心地跑跑跳跳討摸摸，一點都沒有重病纏身的樣子，還跟牠的白馬王子一起跑跑跳跳，甜甜蜜蜜地玩耍，這個奇蹟讓大家都覺得是生命的不可思議。

就這樣一年多之後的某天晚上，眨眨眼突然好撒嬌好親人，主動跑去找小僕人親親抱抱，還吃了許多最愛的點心。當晚就在小僕人就寢後，眨眨眼也跟著睡了，睡得好安穩好安詳，整個身影就如同睡著般地上了天堂。

小僕人要說的是，除了照顧眨眨眼的飲食起居，也給牠滿滿的愛，讓牠知道有人可以保護牠、愛護牠，不會再有人遺棄牠了，即使在短短的生命裡也能感受到愛。

● 眨眨眼安心離開的睡姿。

兔兔身後事

除非養的是壽命超過百歲的大型烏龜，否則每一位飼主都必須面臨寵物離開飼主的傷痛。飼主們都要有個觀念，若飼主本身捨不得放不下，也會讓兔兔走得不安心。兔兔知道你很愛牠、關心牠、疼愛牠，所以兔兔也

● 每一位飼主都必須面臨寵物要離開的傷痛。

是很滿足帶著滿滿的愛離開的。別讓已經離開的兔兔還要回頭擔心主人喔！

既然知道這是無法避免的一段過程，那麼及早規劃並做好準備，才不會當下一整個慌亂。幫兔兔選擇安葬程序之前，飼主自己必須檢視本身的經濟、時間、空間等，做一個最合適的規劃，讓這段美好的日子有個好結局。

大部分的寵物安葬規劃可分為三大類方式，以下是簡短介紹與各自的優缺點分析。

🐰 委託公家單位火化

通常各縣市主管機關（動物檢驗所、動物保護處、環保局等）有提供寵物火化的服務，公家單位均採秤重計費的集體焚化

制度。以台北市動物保護處為例，凡戶籍登記於台北市之市民或寵物登記於台北市之民眾均可申請，其申請應備證件如下：

1. 委託焚化申請書（可於網頁下載或臨櫃填寫）。
2. 寵物除戶申請表（臨櫃填寫）。
3. 申請人國民身分證或駕照及寵物登記證。
4. 申請委託焚化費用減半者：需備妥寵物登記證及有效期內之狂犬病預防注射證明書。

集體火化後的殘骸基於衛生理由不提供骨灰、裝罈或塔位等殯葬服務，但動物保護處每年七月左右會定期舉行超渡法會。價格部分則以現場秤重的公斤（含裝箱物）計算，目前公告標準（二○一二年四月五日）每隻按重量計收處理費：五公斤以下兩百元，超過五公斤每增加一公斤加收五十元（不足一公斤以一公斤計算）。

飼主只要事先用紙箱或不透明的袋子將兔兔包裝好，並於台北市動物之家的開放日送過去即可。以上為台北市的例子，其他縣市之服務內容以及收費標準可諮詢當地主管機關（通常是動物疾病防疫所）。

🐰 委託民間寵物安葬機構處理

有鑑於公家機構的服務選擇只有集體火化，因此各縣市也會有「民間寵物安葬機構」可代為完成較多元化的寵物喪葬服務。一般而言寵物的遺體運送、冷藏

● 填寫申請書完成委託。

和火化，是總包括在「火化費」中。飼主可擁有火化後的骨灰，但是骨灰甕或是塔位的費用則是另計。各家收費標準會根據地區物價與服務內容不一，且有分為集體火化和個別火化，大多有到府或醫院接送服務。

集體火化

大致程序為：業者到醫院或家裡接遺體→冰存遺體→統一祭拜→集體火化〈飼主不可挑日子〉→集體安葬。為不分類動物集體火化，無骨灰可取得。兔兔若以約兩公斤（含包裝物）估價的話，價格約在一千五百～兩千五百元間不等。

● 幫兔兔裝箱並現場秤重。

個別火化

大致程序為：業者到醫院或家裡接遺體→冰存遺體→祭拜→挑選日子火化→個別火化→撿骨封罐→進塔。其中塔位部分為選項，飼主也可選擇自行帶回安置。個別火化

● 骨灰罈。

下，飼主可擁有火化後的骨灰，可選擇後續入塔或是自行帶回。若以兔兔約兩公斤來估價的話，費用大約會在五千～八千元不等。費用不包含骨灰甕以及入塔費用，入塔費用大多依年為計算單位。若額外加塔位挑選、念經、點燈、換罐等特殊需求，則是另外計費。

🐰 飼主自行處理

有些時候飼主基於各種理由，如時間、地點、費用、宗教習慣等，而決定自己處理兔兔的後事，或是委託民間機構處理前半段，取得骨灰後再自己處理後半段等，自行處理並沒有一定哪種最好或不好，一切應以飼主最能接受、經濟能力可負擔為主。

土葬

未焚化的遺體若選擇土葬，請務必加上紙盒（或其他可分解盒）包裝，且應深掘至少八十～一百公分以下的深度以進行土葬。且回填覆蓋的土方應用力敲打緊實（可覆蓋植被會更好），埋得太淺或覆蓋不實很容易被野貓野狗挖出。

灑葬

委託民間機構處理前半段已取得骨灰的飼主，有較多元化的選擇，可選擇將骨灰一點點灑在兔兔生前喜歡去的草原或大地，甚至可直接灑向大海回歸自然。

樹葬

近年來流行環保樹葬，飼主可將骨灰以棉布或紙布包好，買一棵觀賞用中小型植物，例如夜來香、雪茄花等，將兔兔埋在盆底作為基礎並覆蓋上培養土，以種樹的方式讓兔兔換個方式重生。

紀念葬

由於兔兔火化後的骨灰實際量不多，有些飼主會購買精巧可愛的小瓶子盛裝，感覺兔兔一直陪伴在身邊。

Part10
兔兔看醫生 閃開！讓專業的來！

> **兔兔生病了一定要看醫生**
>
> 有專門的兔科醫院和醫生，若
> 有生病的問題務必找到可信賴
> 的醫院就診別延誤喔！

嘎老爺 （海棠兔）

觀光地區不當飼養救援兔。

建立醫療防護網

　　連兔子都知道要多找幾個地方做窩了，飼主對於醫院的選擇當然不可以只有一間！一位認真守護兔兔的好飼主，口袋名單內至少要有三間兔醫院（指會看兔子的醫院，非一般犬貓醫院），而且每一間都應該要親自跑過並確認各家醫院或醫師的規矩，並留下兔兔的基本健診資料，這樣家裡的兔兔才算是有完整的醫療防護網！

🐰 三層四級防護網

第一層：方便合格兔醫院

　　找一間離自己住處不遠或在您的平常動線（例如上下班）附近的兔醫院，有了交通或距離優勢，您可在此醫院進行基本檢查、醫療諮詢或進行一般疾病的治療。

　　指標：方便隨時前往。

第二層：專業兔醫院

　　一般而言是專業的非犬貓醫院或野生動物醫院，專門以醫療貓狗以外的寵物為主，經驗與設備均較一般地區醫院專業。您可在此醫院進行重大疾病研判（例如地區醫院診斷不出原因或建議轉診時），或進行深入的侵入式手術治療等。通常這類的醫院都

是採預約或無急診制，因此事先走一趟了解醫院規矩並留下檢診資訊是很必要的。

指標：專業權威、經驗豐富。

第三層：有急診或夜診

不是每間獸醫院都有急診制度，因此面對無法預期的緊急狀況，口袋名單中一定要有可以收急診的兔醫院。飼主務必在醫療院所中找一間急診時可不用掛號、可插診或緊急可優先看診的兔醫院作為預備名單。

由於台灣有夜間診療的獸醫院不多，所以幾乎不可能會有兔科醫師駐診（即便有也只是偶爾代班之類的），因此夜間醫院的選擇可以該醫院有兔科醫師可供諮詢為主。由於急診與夜診的狀況較特別，飼主面對緊急醫療的心態也需要做好調整。

指標：有提供急診、夜間看診。

第四層：外縣市備用名單

如果可以，請記得擴大自己的口袋名單（電話簿輸入手機不會很難），一來以防萬一，二來作為提供與分享的用途。我們永遠無法預知哪天會不會突然在外縣市碰到需要醫療的狀況，別以

為飼主不帶兔子出門就沒事，例如出外遊玩撿到受傷兔、發現不當飼養救出等，都是有可能發生的。

🐰 一定要三層防護網嗎？

基本上，熟悉越多醫院
或認識越多醫師不會是壞
事，更可以知道各家醫院不
同的醫療習慣或對於病症的
詮釋，讓自己獲得更豐富的
知識。

但若第一與第二層的醫
院條件對都符合您目前經常去的醫院，當然可以合而為一。但第
三層的急診、夜診醫院名單與聯絡方式絕對不可以忽略，畢竟面
對不可預期的健康狀況，寧可備而不用，也不要急需時卻不知所
措。

愛兔要健檢

撰文／全國動物醫院行政副總許津瑛醫師
整理／愛兔協會志工
案例／全國動物醫院病例、愛兔協會照顧案例

請不要等到兔兔有緊急需求時才要找醫生，平時就可以先蒐集好資訊喔。參考愛兔協會等官方網站推薦之動物醫院名單，或各大兔版網友的推薦。

先從周邊動物醫院開始查起，記得詢問該院是否有接受兔兔的重症醫療？一般有提供兔兔門診服務的醫院不一定能做到兔兔的重症醫療，如腹腔手術、骨科手術、住院看護等。所以當病情不同時即可選擇適合的醫院就診，讓輕症減少舟車勞頓、重症避免延誤病情。

記得詢問該院推薦哪位兔科醫師？因醫院有時不是只有一位醫師，可以請該院工作人員推薦，他們最了解自家醫生的專才。

經過上述方式，相信您心目中應該有了最適合的人選，接下來是如何與這位醫師建立良好的互動與醫病關係。

🐰 求診時飼主的責任

1.準備

將您發現的問題或醫療上的疑問記錄下來，記得也要將醫師答覆的建議寫下來喔！

2.發問

如果在對談當中有不明白的地方，記得隨時跟醫師或醫院的工作同仁詢問！良好的溝通是達到醫囑順從最重要的基礎，兔寶才能得到最妥善的醫療照顧。

3.接受衛教資訊

這是照顧兔兔一輩子都會持續的事情，因為不同年齡階段和病況，會面臨毛小孩不同的需求。了解這些衛教資訊才能當個最棒的照顧者！尊重他人的專業：當您對醫生或醫院有疑問時，請禮貌的詢問和互相溝通，醫師需要知道問題所在才能幫您解答。很多不信任的產生是來自於誤解，請不要將困惑帶回家，若真的無法溝通，請記得您有選擇下一家動物醫院的權利喔。

當您也準備好了，那來次實際體驗吧！建議您先從基礎健康檢查做起，從中可以觀察醫師對待兔寶的熟練度，還有提供給您多少的醫療建議，這些都是判斷醫師是否經驗豐富時，可以切入的角度。

🐰 合格兔科醫師的基本問診

1.基本問診

很多兔兔的問題是來自錯誤的飲食或醫療照護，醫師需要知道您的餵食方式和居住環境的資訊。一個好醫師應該是最佳傾聽者，細心聆聽您的描述並給予正確的觀念和建議。如乾草是屬不可消化性纖維，可協助刺激腸道蠕動，提供牙齒適當的咀嚼以維持正常咬合，所以對健康維持非常重要。而兔糧是屬可消化性纖

維，提供盲腸菌叢食物來源和維持腸道酸鹼值，是主要熱量的轉換來源。因此依兔兔的年紀和營養需求，適度的搭配兩者，才不會有營養過剩或營養不良的情況喔！

2.觸診

由觸診可以初步了解兔兔有無過胖或過瘦等營養上的問題，四肢骨骼有無歪斜或異常。其次腹部觸診可以發現有無腹腔硬塊、腸道積氣、膀胱脹大等狀況。由醫師撫觸兔寶的方式和有無安撫的動作或言語，就可以知道醫師對兔兔掌控上的熟練度。

● 觸診是兔兔醫師的基本工喔！

3.五官檢查

五官基本要檢查粘膜色澤是否紅潤，再者有無不正常的眼、鼻分泌物。只是兔兔會有舔臉清潔的習性，會讓分泌物沾附在前肢，讓前腳內側的毛濕濕髒髒有小打結，要記得順便檢視一下。

耳道鏡檢也是例行檢查

● 基本檢耳鏡檢察。

項目，可以知道兔兔耳朵有無發炎或耳疥蟲感染。後軀行動不便

無法自行清理耳道的兔寶更需要檢查有無堆積過多的耳蜜或耳膿（為正常分泌物，俗稱耳垢），醫師會視狀況協助兔兔清理。

　　口腔更是兔兔健康檢查的重點項目，利用檢耳鏡或五官內視鏡可觀看兔兔口腔內的狀況：頰齒咬合有無正常、有無蛀牙、牙齦是否紅腫、口水是否不正常增多或挾帶白色膿塊、舌下或臉頰有無因頰齒咬合不正而被歪斜齒冠刺破或割傷等。

4.皮毛檢查

　　皮毛的豐潤與亮澤代表了兔兔皮膚健康。若皮毛檢查可見毛質粗乾、局部掉毛或脫毛、有皮屑或角質增厚、皮膚紅腫熱痛、有體外寄生蟲（如毛蟎、羽蝨、跳蚤）等，均代表皮膚有不正常的狀況。藉由毛髮採集鏡

● 醫師幫兔兔做基本的皮膚檢察。

檢、伍氏燈探測等進一步檢查可幫助醫師了解確切的病因。

　　另硬蹟症（潰瘍性腳底皮膚炎）是在不當飼育環境所衍生的皮膚問題，寵物兔很常見。因此兔科醫師都會特別檢查後腳跟有無脫毛、紅腫甚至長繭增厚的情況，嚴重者甚至前腳腳掌也會有類似狀況。

5.糞便檢查

　　是了解兔兔消化道狀況最基本且直接的方式，經由糞檢可了解兔兔有無腸道寄生蟲？腸道菌叢是否正常？是否食入過多毛

髮？粗纖維攝取是否充足？請記得攜帶當天新鮮的糞材提供給醫師做顯微鏡檢查。雖然有時兔兔直腸有未排出的便便，藉由按摩推擠可以取出糞材；但因不是隨時都會有便便，且此行為也不是讓兔兔愉快的動作，只能當備案。

6.尿液檢查

　　兔兔尿液顏色有很多種，乳黃色、橘紅色、棕褐色等都可能是正常的顏色。由尿液檢查可以知道有無泌尿系統出血或發炎、尿泥或尿沙的淤積、腎臟功能的評估等資訊。尤其若有潛血反應的話，更要注意可能是子宮病變的警訊。一樣請記得攜帶當天新鮮的尿材提供醫師做檢查，膀胱按摩集尿也只是備案喔。

　　若上述的檢查過程醫師都有把握到八成以上甚至更多，那麼恭喜您找到與您合拍的兔子醫師囉，也歡迎您將愉快的就診經驗分享給其他兔友！

參考來源：
· 美國家兔協會（House Rabbit Society）網站 http：//www.rabbit.org
· 美國獸醫夥伴網站http：//www.veterinary ner.com

愛兔協會歷屆會長介紹

第四屆會長

鬼腳七

民眾在文山區拾獲的小兔一隻，除了嚴重疥癬之外，右腳處有明顯的斷裂舊傷痕，由於骨頭斷裂處已經自行沾黏成一大塊的鈣化組織，導致關節無法正常使用，目前都是以三隻腳的方式在走路。經醫師持續治療與復健後，骨折處已經長出新的骨架可以正常行走，和一般的兔兔沒有不一樣喔！

Part11
常見疾病

大多數會發生在兔兔身上的常見疾病

> **常見疾病怎麼辦？**
>
> 生病除了看兔科醫生之外，最重
> 要的是就診後的治療與照顧。用
> 正確的方式照顧兔兔，大多數都
> 能夠很快康復！

蛋 頭（垂耳兔）

動保救援後轉介安置。

牙科疾病

撰文／惟新動物醫院林錦宏醫師
整理／愛兔協會志工
案例／惟新動物醫院病例、愛兔協會照顧案例

　　兔子的牙齒很特別，終其一生不斷生長，同時不斷磨損。牙齦裡面的「齒根」其實是隱藏起來的齒冠，當露出的牙齒被磨掉，隱藏的齒冠就會被推出來補充。因此兔子的牙齒能常保如新，免除其他動物因為年老逐漸失去牙齒的困擾。

🐰 兔子的牙齒構造

　　兔子有門齒和前後臼齒，沒有犬齒。齒式是上排兩對門齒，

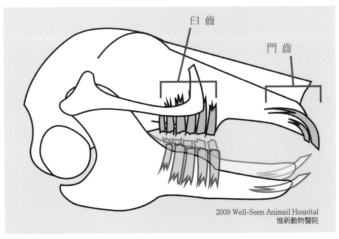

● 兔子的牙齒構造（縱剖面）。

三對前臼齒，三對後臼齒。下排則是一對門齒，兩對前臼齒，及三對後臼齒。

🐰 不斷生長的牙齒

牙齒不斷生長對於總是需要磨碎植物纖維的兔子而言是個優點，但是如果一直長牙齒而無法正常磨耗，那就不好了。正常情況的門齒，是上排略較下排前面，且互相稍微接觸。這樣在磨牙的時候會把上門牙磨成像鑿刀的形狀，以利咬斷食物。臼齒的部分，則是上排在外下排在內，像下圖。

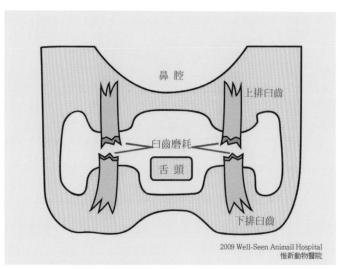

● 兔子的牙齒構造（橫切面）。

🐰 咀嚼磨牙的動作

如果吃牧草或纖維豐富的食物，咀嚼的時候下巴會左右移動，就可以磨到臼齒的整個咬合面，上下排互相磨平。

但是如果吃的是顆粒飼料或穀物，咀嚼的動作就只剩上下咬合來壓碎，而沒有左右移動。這時上排的外側和下排的內側就不容易磨到，久了就會形成尖刺。尖刺會刮傷口腔和舌頭。

有磨好沒磨好差很多

更糟糕的是，由於臼齒沒有充分磨平，咬合的壓力改變，就會讓牙齒生長過度，上排向外側長，下排向內側長。在牙齦裡面的部分也會受到影響，往齒槽骨方向推擠。

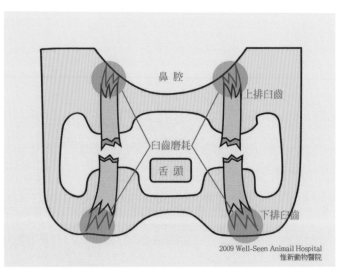

● 兔子牙齒的構造。

牙齒過長的情形再從側面看，上排的臼齒往上會推擠到眼眶，上排的門齒則會擠壓到鼻淚管，造成眼睛或上呼吸道的問題。下排的臼齒和門齒則會推擠下顎，造成下巴膿腫或骨折。而且由於臼齒過長，口腔關閉的位置不正確，下巴被往前推，就變成了戽斗，也就是造成門齒的咬合不正。

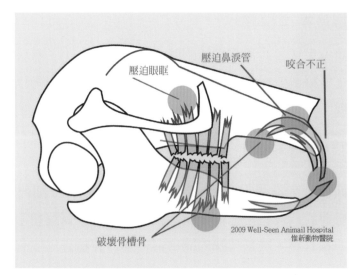

● 過長牙齒造成的問題。

戽斗也有先天性的是遺傳或發育造成的問題。這種狀況則是反過來，一開始會有門齒咬合不正的問題，進而造成臼齒之間有空隙，繼發臼齒過長。

🐰 照顧及檢查牙齒

照顧兔兔牙齒從建立正確的飲食習慣開始，兔子應該以牧草為主食，新鮮或乾燥的都可以。人類吃的蔬菜雖然也可以提供一部分纖維，但是以營養成分和磨牙效果來看還是比不上牧草。堅果、種子、和顆粒飼料容易造成兔子只做上下咬碎而沒有左右磨牙的動作。

定期檢查牙齒也很重要。門齒的咬合可以直接翻開嘴唇觀察，但是要看臼齒就得把兔子嘴巴張開了。動物醫院通常會使用有光源的檢耳鏡，或是特殊的開口器伸進口腔檢查，才有辦法觀察臼齒的咬合。所以建議至少每年帶兔寶到動物醫院檢查牙齒（以及全身健檢）。

雖然從外觀看不到臼齒，還是可以從其他症狀來推測牙齒可能出問題了。包括因為眼眶壓迫而出現流淚、眼球突出、尖刺刮傷口腔而不停流口水、下巴突出或破掉的膿瘍、眼鼻分泌物、因為不舒服而減少進食等。若是發現有這些狀況時，應儘快尋求獸醫師積極治療，同時因為牙齒仍然會不斷地生長，後續要密集追蹤檢查。

生殖系統疾病

撰文／馬達加斯加動物醫院邱宗義醫師

　　兔子到達性成熟的年齡跟體型有關，體型較小的品種在四～五個月大即可達到性成熟；中等大小品種的兔子在年齡四～六個月大時；而體型較大的品種則要到五～八個月大才達性成熟並具有生育能力。

　　兔子跟貓咪、貂一樣，是屬於誘導排卵的物種，意即排卵只會在公兔母兔有交配行為之後約十小時發生，也沒有動情週期（即月經）。兔子的懷孕期因品種而異，但大約都落在三十～三十二天。母兔的乳腺有四對，但乳頭可能會因有個體差異有八～十個。

　　公兔不像大部分哺乳類，陰莖的位置比較像有袋類是在睪丸的後方。睪丸在公兔十二週大的時候會自腹腔下降到陰囊內，但鼠蹊管（即腹腔通往陰囊的通道）則終生不會關閉。

🐰 母兔的生殖系統疾病

　　在母兔生殖系統的疾病方面，最常見的即是子宮腫瘤。子宮腫瘤的發生跟年齡有很大的關係。有某些品種的兔子在超過四歲的時

候即有50～80%的機率會發生子宮腫瘤。在腫瘤發生一～兩年內即有可能經由血液途徑轉移到肺臟、肝臟、腦部及骨頭。

早期會出現的症狀包括有血尿或有血樣的陰道分泌物，而伴隨腫瘤的生長，則會發現有乳腺的發育。到了腫瘤晚期兔兔則會出現精神不濟、且有厭食的情形發生；若有肺臟的轉移則會有呼吸困難的情形出現，此時若延誤就醫則會有生命危險。

我們遇到最多的情形都是主人發現兔兔有血尿或食慾下降而到醫院就診，另有一部分是在兔兔做健康檢查的時候，醫師發現外觀有乳腺腫大，及在兔兔腹部觸診時在後腹腔有摸到腫大的子宮，或是在子宮有結節狀的增生。另外輔助放射線或是超音波檢查可以幫助確診腫瘤的大小及有無肺臟的轉移。

若是早期發現且腫瘤侷限在子宮內無任何其他臟器的轉移時，即進行子宮卵巢摘除手術將腫瘤移除便可以有效治療。但腫瘤若有遠端轉移或是局部向腹腔浸潤的情形，則癒後將會很差。不論是什麼情況，在手術後一～兩年內仍需要每三個月監控一次腹腔及胸腔的轉移情形。

控制這個疾病最好的方式即是採取預防性的結紮，在母兔六～九個月大的時候即可進行此項手術，且此時兔兔腹腔脂肪較少，手術風險較低。

母兔最好在兩歲以前即進行結紮手術將子宮卵巢摘除，可以將腫瘤的發生率降到最低。三歲以上未結紮的母兔，也建議半年進行一次健康檢查，以早期發現早期治療。

🐰 公兔的生殖系統疾病

公兔睪丸腫瘤較少見，通常都是主人發現睪丸變大或是變得兩邊大小不一而就診。睪丸腫瘤用外科手術摘除即可有效治療。但公兔可能因為睪丸大小太大導致陰囊變薄而較容易因為摩擦到地板而有傷口感染，或是自殘啃咬自己睪丸，若有此情形發生容易導致傷口感染，傷口感染後若延誤就醫則可能會引發敗血症而有生命危險。預防的方式也是建議早期結紮，便可以降低腫瘤發生的機率。

鼻淚管阻塞

撰文／亞幸動物醫院張學仁醫師
整理／愛兔協會志工
案例／亞幸動物醫院病例、愛兔協會照顧案例

門診時，常有飼主反映兔兔眼睛有分泌物，或是眼睛周圍的毛太溼，大部分是要來「看眼睛」。但流眼淚的原因除了結膜炎、角膜炎或眼瞼炎等眼科疾病外，往往是來自鼻淚管系統的阻塞。本篇文章針對這種常見的症狀進行基本介紹，希望能藉此推廣兔子的飼育知識。

鼻淚管系統的構造

兔子的眼睛周圍有淚腺，第三眼瞼也具有一些分泌腺體，這些分泌物會滋潤眼球表面。眨眼時，淚液會經由淚點

● 鼻淚管阻塞是臨床上常見的問題之一，會讓兔寶流出黏稠的眼淚；黏性分泌物使得兔毛集結成束，堅硬難以清理，並可能引起皮膚炎。

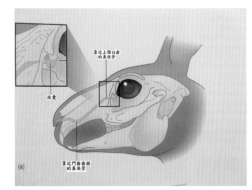

● 鼻淚管及周邊的構造。

依序流入淚管、淚囊及鼻淚管內，最後從鼻腔內的開口排出。若眼淚製造過多或鼻淚管系統受到壓迫時，淚液便無法完全經由這個途徑排出，這時候就會觀察到眼睛周圍的毛溼溼的，長期的流眼淚會使皮膚受到細菌感染、發炎、脫毛。要提醒大家的是雖然許多疾病都會引起流眼淚，鼻淚管阻塞的問題卻不容忽視。

● 通鼻淚管的過程。

● 通完鼻淚管，乳白色分泌物自鼻孔流出。

🐰 牙科疾病的影響

要了解牙科疾病如何造成兔子流眼淚，就必須從解剖構造來解釋。兔子有二十八顆牙齒，除了上顎的四顆門齒及下顎的兩顆門齒外，其他的二十二顆牙齒是平常不容易看見的，也因此容易被忽略其重要性。

上顎的門齒及臼齒牙根過度延長時，往往壓迫到附近的鼻淚管，引起淚囊感染、結膜炎，特徵是產生大量的黏稠化膿性分泌物。附帶一提的是，若流眼淚的問題是來自臼齒，還可能造成眼球的疼痛及感染，最後發生眼球後膿瘍及眼球突出，甚至可能需要摘除眼睛！

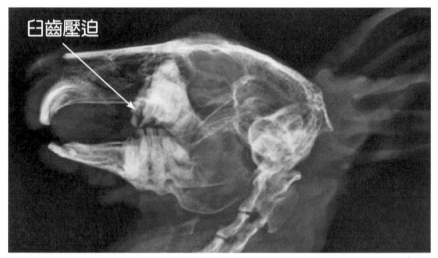

臼齒壓迫

● 鼻淚管阻塞有時是來自牙齒疾病,可藉由 X 光輔助診斷。

診斷

建議由專業兔科醫師檢查,先判斷流眼淚是否源自眼科疾病,再搭配口腔鏡檢,初步觀察牙齒的生長情形,此外也需要藉由X光了解牙根的深度及排列,必要時可搭配顯影劑確認受影響的位置。

治療

1. 針對牙齒的問題做治療。
2. 鼻淚管灌洗:建議交由專業的兔科醫師操作,以免淚囊或鼻淚管破裂。
3. 若涉及鼻淚管系統或眼睛感染,則給予抗生素眼藥水或軟膏。
4. 輕輕按摩促進淚囊中的液體排除。

5. 調整飲食習慣，多吃草！

6. 每日清理患部的毛及皮膚，避免皮膚炎。

7. 保持兔子居住環境的衛生，可防止繼發的細菌感染。

8. 考慮拔除門齒（若非專業兔科獸醫師操作，可能會有風險）。

9. 定期回診。

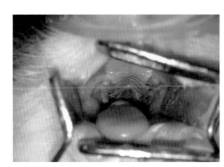

● 詳細的口腔檢查有助於找出鼻淚管疾病的根源。

　　鼻淚管的阻塞會影響兔子的生活品質，需要長期治療以及飼主的耐心，更重要的是提供正確的飲食作預防，並且定期健康檢查，確保兔子的牙齒沒有潛在危機。

歪頭

撰文／聖地牙哥動物醫院院長李安琪醫師
整理／愛兔協會志工
案例／聖地牙哥動物醫院病例、愛兔協會照顧案例

　　造成兔子歪頭的原因有多種，以下針對兩種最常見的病原做較詳細的介紹，一是兔子腦炎隱孢子蟲（Encephalitozoon cuniculi）感染，造成中樞神經系統的肉芽腫性炎症，二是巴斯德桿菌經由鼻腔經耳咽管上行感染前庭組織所導致的歪頭症。

🐰 兔子腦炎隱孢子蟲

　　這種病菌在兔子身上廣泛存在，會造成腦部及腎臟的肉芽腫病理病變。臨床表現從神經症狀到輕微腎功能不全，或也可能只

● 一隻被棄養的歪頭兔「裝可愛」。歪頭症耳朵朝上，兔子自己不易清理身體。

是無症狀的潛伏感染。致病基轉是寄生蟲的孢子經由尿液排出感染其他動物，攝入的孢子會鑽進腸道黏膜細胞，在此增殖後侵入網狀系統並擴散至全身，最後到達腦及腎臟，偶爾會在心肌發現。

感染引起的前庭疾病是最常發現的主要症狀，但須與巴斯德桿菌感染作區分。在此列出兔子腦炎隱胞子蟲感染的主要症狀，如有以下症狀就需要就醫。

1. 急性症狀可能會突然發生，甚至突然死亡。臨床觀察可發現如前庭疾病、歪頭、癲癇、共濟失調、後肢癱瘓。
2. 慢性症狀為靜止不動時會搖頭或點頭。臨床觀察可發現如眼神呆滯（感覺望著遠方）、具侵略性、失明、喪失聽覺、失去平衡、尿失禁。
3. 腎臟疾病：多喝多尿、尿失禁、輕微腎功能不全、慢性腎衰竭。
4. 眼睛疾病：水晶體破裂、葡萄膜炎、二次性眼前房積膿、白內障。

治療主要以給予藥物抑制隱孢子蟲、支持療法及類固醇降低神經的發炎反應（具爭議性），配合抗生素口服予以預防及控制細菌性腦炎。

🐰 巴斯德桿菌感染

歪頭症或斜頸症主要是因巴斯德菌經由鼻腔、鼻咽管感染到中耳或內耳，甚至腦部所造成的臨床症狀。在單側感染時，兔子的頭會朝感染的那一耳歪斜過去。中耳感染後常見鼓室泡會充滿黏稠的膿液，還

● 歪頭症朝下的那隻眼睛，很容易受傷或感染。

有可能造成鼓膜破裂，嚴重時X光片下可見鼓室的病變。

兔子常常在感染到化膿性中耳炎的情況下仍然沒有任何臨床症狀的出現，當炎症的反應擴展到內耳，膿塊壓迫到耳前庭時便會造成歪頭或斜頸症，亦可能合併有眼球震顫的症狀。

🐰 照顧與復原

一般出現歪頭症後被認為不可回復，很難恢復到正常，只能用抗生素療法來抑制它的惡化。但事實上極少數的病例在經藥物治療後仍得到完全的康復，一般來說越早發現和治療效果越好。嚴重的病例有時須接受鼓室切開術或是耳道切開術來移除堆積在鼓室內的膿塊。

會造成兔子歪頭還有很多其他的因素，例如中耳炎、腫瘤、創傷、血管疾病、弓蟲病、貝斯利蛔蟲感染等，在此不逐一贅述。如果家中兔子有可疑的症狀時，就應帶至動物醫院就診，以免延誤病情。

腸毒血症

撰文／劍橋動物醫院院長翁伯源醫師
整理／愛兔協會志工
案例／劍橋動物醫院病例、愛兔協會照顧案例

消化道疾病在兔子來說是最常見的問題，常常會出現腹脹、下痢等症狀，而一旦出現之後，兔子就會不吃食物，容易就會導致猝死的現象。另外，兔子本身是一種容易受驚

● 因腸毒血症而脫水軟癱的兔子。

嚇、緊張的生物。所以只要環境變動、噪音增加、天氣變化甚至叫喊聲都可以讓牠突然暴斃，可以說是相當脆弱的生命。

🐰 腸毒血症的病因

一般而言，消化道疾病會造成腸毒血症的狀況最常見的就是梭狀桿菌感染，這是一種厭氧性的格蘭氏陽性菌，而且會產生非常強的腸內毒素，不僅在兔子會造成腸毒血症，其實連狗、貓甚至是豬或人都會引起相當嚴重的出血性腸炎。

而這細菌是腸道內常在菌，平常不會發病，只有在特殊情況下會開始大量增生而致病。

發病時機最主要是兔子處於緊張的狀態，死亡率的高低則與環境中病原盛行率的多寡相關，低纖維高碳水化合物的食物也是誘發的因素之一。近來調查離乳兔罹病的機率是上升的，可能跟幼兔的消化及吸收澱粉功能沒有成兔來得有效率，因此會將未吸收的碳水化合物帶到盲腸去，然後成為梭狀桿菌最好的營養食物。

當梭狀桿菌在產生內毒素時是需要大量的葡萄糖來作為增生的養分，成兔跟幼兔在澱粉的消化吸收功能上有明顯差異，成兔方面在到達盲腸之前會將碳水化合物水解吸收。在成兔的腸毒血症不會與高碳水化合物的食物相關，會與使用抗生素、其他病原、毒素或是緊迫而造成腸內菌叢改變，而導致梭狀桿菌大量增生。

🐰 腸毒血症的症狀

腸毒血症的症狀是出現棕色糞便、水樣下痢、虛脫跟突然死亡，通常都會快速產生脹氣。發現兔子會出現腹脹，這是一個急性的疾病，一般會有短暫的精神食慾不佳。大部分的病兔，腸毒血症會快速致命，是因為毒血症、脫水和電解質流失，但是有少部分病兔可以自行恢復。假如是超急性則無症狀就直接死亡，其他會發現垂死的兔子帶有液體柏油樣棕色的下痢便。慢性的情形則是會出現精神食慾變差、體重下降、間歇性下痢。

🐰 檢查與治療

其實糞檢時利用格蘭氏染色可以在顯微鏡下發現逗點狀長桿

菌，嚴重的話會有孢子在細菌當中，或是採樣做無菌的細菌培養
二十四～四十八小時，都是可以檢驗的方法。

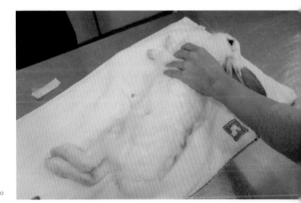

● 因腸血症而身體癱軟的兔子。

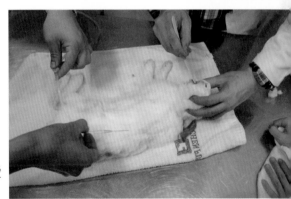

● 突發性的症狀必須緊急急救（愛
　兔之家案例）。

● 垂死的兔子帶有液體柏油樣棕色
　的下痢便（愛兔之家案例）。

治療的方式，則是儘快就醫，先維持病兔的身體狀況，首先可以給予輸液治療，再配合抗生素治療，尤其是電解質的補充會是重要的因素。

　　預防勝於治療，這種疾病的死亡率是很高的，所以減少兔子的緊迫、壓力以及食物，給予大量的草來取代飼料。幼兔的照顧則更是需要特別注意，不要給太多碳水化合物，一旦發現兔子出現精神食慾下降或是腹脹，就應該趕緊就醫，不然會失去最佳治療時機。

　　參考書籍及文獻：

1. Dominique LICOIS，Pathologie d'origine bactérienne et parasitaire chez le Lapin ：Apports de la dernière decennia，CUNICULTURE Magazine Volume 37 （année 2010） pages 35 à 49

2. Frances Harcourt-Brown，Textbook of Rabbit Medicine，2002，London，B/H

骨折、脫臼

撰稿／侏儸紀野生動物專科醫院院長朱哲助醫師
整理／愛兔協會志工
案例／侏儸紀野生動物專科醫院病例、愛兔協會
　　　照顧案例

　　兔子的骨骼總重量僅占全身重量的8%左右，相對於鳥的占5%，兔子骨骼幾乎可以用來飛翔了，其骨骼的脆弱程度也可想而知。

　　擁有優於其他動物的強勁後腿肌肉，這雖然是兔子的天生優勢，有助於逃跑躲避危險，但這也對脆弱的骨骼造成非常大的破壞力，兔兔骨折的案例中，肌肉的力量多半是受傷主因。若是受傷但沒造成骨折，也可能會使關節受創脫位，造成脫臼。

　　在兔子骨科傷害中，四肢骨折與脫臼是最常見的，其次就是更嚴重的脊椎骨折、錯位。由於後肢肌肉力量過大，過度的掙扎用力可能會造成骨頭受損斷裂，其中最常因為「腳卡住了」掙扎造成骨骼受力而嚴重斷裂，或是關節脫位。

　　籠子底部網目、籠門出入口鐵絲網、木製底板等，這些都非常容易讓兔子的腳掌或腳趾卡住，牠們一掙扎，用力一踢，如果腳掌骨、小腿

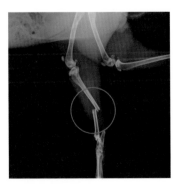

● 兔兔的腿骨骨折。

骨、大腿骨因此而受力過度，或受力角度不對，那就可能會有肢體骨折發生。這樣的掙扎也會使脊椎骨受力過度，脊椎脫位、脊椎骨折，造成半身癱瘓等永久性的嚴重傷害。

🐰 人為因素的骨折

另外，人為的抓抱不當，兔兔一掙扎跳脫懷抱，這樣的高度差也可能造成骨骼的傷害，甚至嚴重案例也曾見過跳出主人手中、撞擊地板，造成胸腔內出血而致死的案例。還有一些飼養在家中有多樓層可以活動的兔子，因失足摔下樓梯或跳下陽台而造成的嚴重骨折。

🐰 骨折的症狀

肢體不願接觸地面、抬高腳行走、跛行、疼痛感，甚至拖著受傷的腳走，呈現軟弱無支撐性。若是脊椎的傷害，可能會出現雙側的後肢軟弱無力、失去自主運動、無法行走、站立，甚至後肢完全失去痛覺反射，排便排尿失禁、或是排尿困難等症狀。

🐰 骨折的治療

經放射線學（X光）診斷骨折部位，依不同程度有不同的治療方式。骨折部位如果在腳掌，一般給予外固定，限制行動，大多數

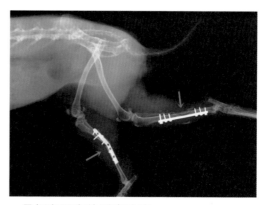

● 骨板與固定的手術治療。

週後可癒合。若是斷在前肢前臂位置，沒有外傷的話，可以用較輕的支撐物包紮固定，限制行動約一兩個月也可能自行恢復。

若是骨折部位在前肢上臂位置，或後小腿位置，甚至股骨骨折的話，就必須經過醫師詳細評估，才能決定治療的方式，例如外科使用骨釘、骨板、骨外部支架固定（ESF）等方式來治療。

若是骨折有穿出外傷，或是複雜性骨折等，那就必須緊急外科處理。但由於兔子骨骼較脆弱，肌肉又發達，統計學上顯示，有很多兔子骨折外科治療後，還是把修復好的骨頭又踢斷，甚至骨板與骨釘彎曲斷裂，引起骨質粉碎，最後仍難逃截肢命運。

脊椎的骨折或脫位，在兔子治療方法非常有限，即便經積極的外科修復固定，神經的傳導還是可能不恢復，許多病例都可能終身癱瘓。消極的內科治療在受傷後四十八小時內，可以用高量類固醇來減輕神經傷害，限制行動，並且做好居家護理，長期計畫也可以配合復健、針灸、電療等物理治療，還是有機會減輕傷害甚至恢復行動力。

至於四肢關節脫臼的治療，許多經驗豐富的獸醫師利用肌肉鬆弛劑合併全身麻醉，執行關節復位術，不太需要外科處理，但復位後必須配合外固定，並且限制行動，否則可能會再脫位。

● 曾經癱瘓過的兔兔「甜心」，經過半年多的時間復健重新站起來。

腸阻塞

撰文／汎亞動物醫院院長 張詠舜醫師
整理／愛兔協會志工
案例／汎亞動物醫院病例、愛兔協會照顧案例

胃腸蠕動減緩症（gastrointestinal hypomotility），兔子常見的消化道疾病就是胃腸蠕動減緩症，會導致過量硬實的毛球堆積在胃中及脂肪肝，最後導致兔子死亡。過去俗稱為毛球症（毛球堆積）、腸遲滯。

🐰 腸道阻塞的現象

胃腸道適當的蠕動對食物的消化、水分及電解質的吸收及腸道微生物菌叢的維持非常重要。腸道蠕動減少會導致食物推積在胃及盲腸，影響兔子葡萄糖的吸收，並使得盲腸微生物菌叢的水分及養分供應減少。

以往獸醫們相信，胃出現毛球及食物的堆積（俗稱毛球症）是造成兔子疾病的原因，但有越來越多的證據指出胃出現毛球是

● 兔兔可愛的洗臉動作，卻會大量吞入毛髮。

腸道蠕動減少所導致的結果而非造成疾病的原因。

過去認為是因為毛球阻塞腸道，造成病患厭食、體重下降、排糞減少及精神沉鬱，最後病患因為飢餓而死亡。今日仍有許多兔子繁殖業者每週會讓兔子禁食一日，讓兔子清空腸道內的毛球。

通常方式給予液狀石蠟去潤滑胃腸道，或是給予鳳梨汁讓內含的酵素軟化毛球，但治療往往沒有療效。即使手術移除毛球病患癒後（後續恢復狀況）也很不好。

近年來一些研究證據指向毛球是結果而不是病因，理由如下：從來沒有任何兔子在屍體解剖時胃內是空的，一定會有程度不等的毛髮及纖維質的食物，因為正常健康的兔子會不時理毛。

研究指出，餵乳膠給兔子吃並不會讓兔子有任何不適症狀。另外有研究發現，在兩百零八隻健康的兔子中，有23%的兔子胃中有典型的毛球，而這些兔子沒有出現任何症狀。

很多原因（例如疼痛、壓力或驚嚇）會導致兔子胃腸蠕動減緩，胃中的毛髮逐漸累積而導致毛球形成。兔子非常容易受到驚嚇，有些兔子甚至會因為飼主在夜間開燈而出現數天厭食。

胃腸蠕動的速度也和食物中不可消化纖維的含量有關，餵食低纖維食物的兔子毛球堆積的機會也會增加，所以當兔子有壓力時（例如接受手術、洗澡、環境改變等），應該給予兔子嗜口性佳的不可消化纖維。

胃腸蠕動減緩時不僅會造成毛球，過多的胃腸積氣會讓胃腸道擴張而導致兔子疼痛，近一步抑制胃腸蠕動而形成惡性循環。接下來兔子可能會出現胃潰瘍，水分及電解質吸收或分泌減少而造成脫水及電解質失衡，兔子沒有足夠的熱量而使得脂肪組織

釋放出游離脂肪酸，過多的游離脂肪酸導致脂肪肝及酮酸血症（ketoacidosis），嚴重的脂肪肝會導致肝衰竭。盲腸中的微生物會因為食物減少而死亡，盲腸中酸鹼度改變也可能讓病源性細菌（例如梭狀桿菌）大量增生。

厭食及脂肪肝的形成

無論何種原因導致兔子厭食，均可能引發脂肪肝導致兔子死亡。肉食動物因為常常不能規律地獲得食物，所以會藉由內分泌系統調控能量的供應與儲存（胰島素對草食動物的重要性遠低於肉食動物），草食動物由於可以規律地獲得食物，持續進食對能量維持非常重要。

當兔子沒有進食時，葡萄糖及揮發脂肪酸的吸收減少，脂肪組織分解產生游離脂肪酸，游離脂肪酸進入肝臟，由肝臟分解產生能量（同時產生酮體），過多的酮體產生酮酸血症，而過多的脂肪酸堆積在肝臟導致脂肪肝（肥胖的兔子由於肝細胞已經堆積

● 疾病往往不是毛球的本身，而是腸胃遲滯的後遺症。

過多的三酸甘油脂，脂肪肝形成更迅速）。

🐰 治療對策

脂肪肝最好是預防而不是治療，只要在兔子厭食時有效給予營養支持就可以預防脂肪肝發生。飼主應每日觀察兔兔排便量，只要吃得少，同時排便量也減少就該積極治療，因為兔子可能在厭食一日之後就產生脂肪肝，速度比起其他動物快非常多。若沒辦法給予營養或有效增加兔子排便量，應儘速讓兔子住院接受積極治療。

很多原因會導致兔子厭食，飼主除了應排除環境中對兔子的壓力來源，例如接觸貓狗、噪音等，應儘速帶兔子就醫，讓醫生找出並治療其他可能造成厭食的原因，例如牙齒問題。

獸醫師通常根據飼主提供的病史（食慾及排便減少）及學理檢查（觸診胃有硬的毛球）就能診斷出腸蠕動減少症，血液檢查主要用於找出厭食原因、後續治療選擇及癒後（病患後續恢復的狀況）判定。治療的目標是恢復病患食慾、矯正脫水及電解質失衡，給予藥物促進胃腸蠕動，必要時給予潤滑劑有助於硬的毛球排除，嚴重的病患可能需要止痛。

當兔子食慾下降時，飼主可以藉由給予兔子愛吃的乾草或新鮮草料和蔬果鼓勵進食，讓患兔在安靜且稍暗的環境休息。當兔兔超過一天不進食，就要用針筒餵飼足量的嬰兒食品（蔬果泥）或新鮮蔬果汁，並儘速就醫。鳳梨汁、木瓜或其他酵素製品被認為能有軟化毛球的酵素，但實驗結果顯示給予這類果汁或酵素產品對治療沒有顯著的差異。

愛兔協會歷屆會長介紹

第五屆會長

萬寶路

萬華地區萬大路拾獲無主兔，原本被棄養時身體虛弱且膽小怕人，經過保母的照顧變得溫馴可愛，並在愛兔協會每年固定舉辦的回娘家活動中獲選為第五屆會長。

Part12
愛兔DIY
加入愛心和耐心，自己動手做做看更有成就感喔

自己動手做做看，找樂趣

本章節教您怎麼製作水果乾、草餅或兔寶點心等，還有如何幫兔兔做生病用的頭套，加入愛心和耐心及自己的小創意，都可以更有飼養上的成就感喔！

林鳳營（斑點兔）

政府機關救援轉介安置。

手作創意草餅

文圖提供／臭臉兔，一隻喜歡擺臭臉的道奇兔

【法式什錦佐苜蓿亞麻仁籽】

食材

飼料適量
亞麻仁籽1公克
苜蓿草少量
保健食品3~4種
水適量

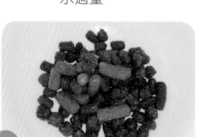

1 將飼料加水泡軟，等待飼料將水全部吸收

2 將亞麻仁籽均勻撒上去

3 將保健食品擺上去，裝飾成屬
於自己的料理！可以將苜蓿變
成小旗子插上去喔！

4 完成囉！

【綠光仙（纖）子蛋糕】

食材

三種飼料適量

亞麻仁籽1公克

保健食品2~3種

化毛膏適量（裝在塑膠袋裡）

青菜一小片

水適量

將三種飼料分開泡
軟，等待飼料將水吸
收，泡到能夠壓扁的
程度

將第一種飼料擺上盤
子，並將飼料塑形變
成三角形

將其中一種保健食品
均勻撒上

將第二種飼料覆蓋上
去

重複步驟三的動作

將第三種飼料覆蓋上
去

將青菜蓋在前端，亞
麻仁籽均勻撒上去，
再用剩下的保健食品
裝飾

將裝化毛膏的塑膠袋
前端剪一個小洞

將化毛膏擠上去就完
成囉！

自製美味蔬果乾

文圖提供／B2Pet Bakery · 彼兔沛烘培坊

● B2Pet Bakery · 彼兔沛烘培坊。

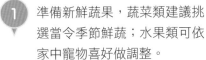

1 準備新鮮蔬果，蔬菜類建議挑選當令季節鮮蔬；水果類可依家中寵物喜好做調整。

仔細清洗蔬果，並切成薄片狀。厚薄度參考：鳳梨、芭樂、奇異果約0.3cm；蘋果、柳丁、香蕉約0.5cm；蔬菜類切長段狀長度約4cm；紅蘿蔔、青木瓜則刨為絲狀。

2

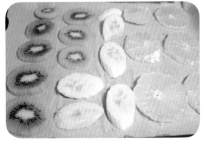

③ 將切好的蔬果薄片放置烤箱低溫烘培。市面上各家烤箱最低溫皆不相同，建議不超過70℃，較能保留蔬果的營養成分。

④ 熱騰騰的蔬果點心完成，也可利用烘乾後的蔬果，加以變化製成更多的創意料理！

貼心小叮嚀：採用專業食物烘乾機，可低溫烘培至50℃，有效防止食物養分流失。

烘乾時間視各類蔬果作調整，參考如下：

水果種類

芭樂：約4小時。

蘋果、鳳梨、奇異果：約5小時。

香蕉：約6小時。

柳丁：約7小時。

蔬菜種類

紅蘿蔔、青木瓜：約4小時。

空心菜、小白菜：約5小時。

高麗菜：約6小時。

貼心小叮嚀：天然蔬果點心未添加防腐劑，請儘早餵食完畢。甜度較高的點心如香蕉、鳳梨等，建議密封放置冰箱保存，延長風味。

【果香肉串】

食材

水果乾3～4種，每種約2片、高麗菜乾些許、天然啃木1枝。

做法

用啃木將烘培後的蔬果乾串在一起，就變成純蔬食、甜而不膩的「烤肉串」！吃完後，啃木還可直接當作兔兔的磨牙小玩具。

【三色奇異酥】

食材

奇異果1顆、紅蘿蔔少許、芭樂少許、藍莓少許。

做法

1. 將新鮮奇異果切成薄片備用。
2. 新鮮紅蘿蔔、芭樂、藍莓切成細丁狀。
3. 將奇異果薄片分成三區塊，依順序灑上紅蘿蔔、芭樂、藍莓。
4. 低溫烘培約5小時，色香味俱全的健康零食即可出爐。

簡易頭套

　　爲什麼要戴頭套？主要在避免兔兔不停舔傷口或皮膚發紅的部位，例如發現到兔兔一直舔頸後方舔到紅腫，爲了避免那個位置破皮，在送去醫院前先做防範。或者是兔兔跳上跳下一個不小心把指甲弄斷了，還一直舔傷口，怕牠舔到傷口化膿。

　　當發生以上的狀況，或是醫院製作的頭套被兔兔弄壞，在尚未到醫院診治前，就要先幫兔兔製作簡易頭套，以免兔兔傷勢更嚴重或是惡化。

　　坊間的頭套大多是狗貓專用的，讓兔兔使用並不是那麼合適。兔兔是擁有脫逃術的小朋友，大小適中的頭套才可以讓牠們脫不掉頭套，動手試試看吧！

🐰 材料與工具

　　X光片、透明投影片或資料夾、圓規（或用線代替）、棉花、醫療用布膠、透氣膠帶、訂書機、奇異筆、剪刀、軟尺。

🐰 製作步驟

1 先用軟尺量兔兔脖圍，要撥開毛貼住脖子量！量好的大小就是內圈，記得換算成半徑。計算方式：兔兔的脖圍＋1cm／3（加1cm是因為預留空間包棉花，且讓兔兔不會覺得太緊不舒服）。

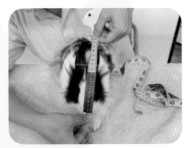

2 如何設定外圈的大小？是依照我們要防範兔兔去舔的身體部位，如果是前半段的話，頭套就可以做小一點，如果是後半段的話，頭套就要做大一點！簡易的外圈直徑計算方式就是鼻尖到耳朵末端。

3 拿出X光片、透明投影片或資料夾，依照量好的大小，用圓規畫出內外圈。為了比較好剪，可用奇異筆畫出內外圈標示。

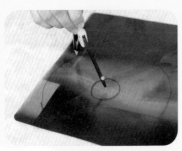

4 畫好了內外圈後，剪好外圈，內圈到外圈需要剪出一條線再剪內圈。邊邊角角的地方請修圓角，避免尖利刺傷兔兔。

5 為了讓兔兔戴頭套時避免直接與X光片或塑膠片產生磨擦，所以在內圈用棉花放在內圍如圖示，再用布膠黏住棉花，請記得棉花要緊緊地包在布膠上！

6 再用透氣膠帶將剪開的那條線左右兩邊都黏上，最外圈的部分也用膠帶全部黏貼好。

7 為了確保兔兔的頭套是合適的，要試戴確認是否還有半指的大小，太緊或太鬆再做適度修改。

8 確定好頭套的位置後用訂書機將接合處訂起來，有訂書機的位置再用布膠黏起來，以免太皮的兔兔去破壞掉頭套，這樣頭套就完成了！

貼心小叮嚀：
頭套完成後應該
像下圖的樣子。

● 如果您做好的頭套是像照片一樣呈漏斗狀，這樣兔兔的
耳朵會不舒服喔！

愛兔協會歷屆會長介紹

第六屆會長

雙子座

有民眾在新店烏來山區目擊整窩小兔子遭遺棄在馬路邊，隨即通報當地派出所，當晚值班的所長接獲通報協助救援，即時趕在小兔子被野狗攻擊或汽車輾斃前救回所內，經清點後這批被遺棄的寵物兔共計有十二隻，全都是由當晚值班的派出所長深夜摸黑救援成功……

Part13
附錄 其他附註

附錄小事

人兔年齡對照表
認識台北市愛兔協會
以認養取代購買
兔科醫院資訊

海山醬 （費斯垂耳兔）
於板橋海山捷運站前拾獲。

人兔年齡對照表

　　許多人總是喜歡詢問「動物的一歲等於人的幾歲？」其實人與動物年齡的對照並沒有這麼準確。因為同樣八十歲的長者，有人健壯如牛可以上山下海，但有人已經日落西山油盡燈枯。且隨著飼養觀念與醫學的進步，這幾年寵物兔平均年紀都在不斷地提高，猶如人類的壽命也不斷提高是一樣的。因此年齡對照表只能當作一隻寵物兔一到十歲與人類一到一百歲時各年紀的健康狀況分析，並加上口語陳述作為參考。

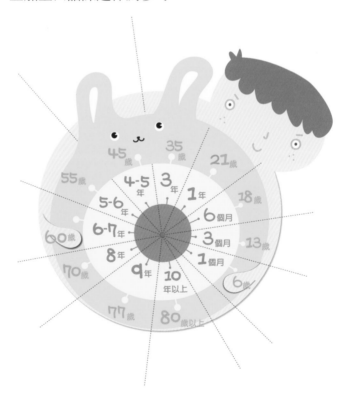

兔兔不會告訴你的小秘密－
兔兔的年齡計算表

兔兔年齡	人類年齡	
3個月	10歲	幼兔期－最可愛迷你時期
6個月	18歲	成兔期－剛成年，已經可以生兒育女！
1歲	21歲	體態定型，亦是最佳的結紮黃金時期！
2歲	28歲	
3歲	35歲	青壯年兔期－最年輕有活力的時期。
4歲	42歲	
5歲	49歲	
6歲	56歲	中年兔期－活動力稍減，要特別注意飲食跟健康管理。
7歲	63歲	
8歲	70歲	
9歲	77歲	老年兔期－活動力降低，時常是休息的狀態，飼料要更換為老年兔專用，並注意體重避免過胖造成負擔！
10歲	84歲	
11歲	91歲	
12歲	98歲	兔瑞－此時的兔兔需要安靜舒適的空間，特別注意健康上的管理，一定要多抽空陪伴在牠們身邊讓牠們安心唷＾＾
13歲	105歲	
14歲	112歲	

★ 要讓兔兔健康長壽，首先要注重的就是兔兔的飲食唷！
兔兔的食物只需要大量的乾牧草＋少量的飼料／蔬菜水果＋乾淨的水，其餘一概避免。
祝福大家都能夠養出健康長壽兔！

歡迎多多分享～讓更多人知道養兔常識唷！

葉噗滋的棉花糖冒險
https://www.facebook.com/pooz0201

兔齡	人齡	年齡描述	口語形容
6歲	56歲	老人家	6歲以上的兔子已可算是老兔，偶爾行動上開始出現鈍鈍的行為，或是走走停停現象，健康檢查的頻率應提高。雖然說是老兔，但多數保養得宜的寵物兔，此時依然可健康跑跳與玩耍不受影響。注意保養。
7歲	63歲	老人家	
8歲	70歲	老人家	明顯老態已出現，活力下降（或稱穩定）但飼主可感受兔兔與自己的互動更頻繁甚至主動撒嬌。大多數兔兔已經出現健康警訊或一些病徵，且大多無法根治。少部分兔子此時依然可健康地跑跳。
9歲	77歲	老人家	若沒有發生過重大疾病而健康地到達這個年紀，表示被照顧得很好，就像許多健康的老人家還可四處旅遊。此時飼主應注意保養與照顧的資訊，並檢視生活環境防止意外。若是帶病進入此年齡者，則以安寧照顧減緩痛楚為主，讓兔兔在飼主的陪伴下度過開心的一生。
10歲	84歲	長者	對寵物兔來說10歲算是個臨界點，已經開始逼近寵物兔生理構造上的年齡界線。這時的兔兔就跟很多80多歲的老人家一樣出現兩種極端，要就是很健康或是很不健康。
10歲以上	90歲以上	人瑞	過去可以活超過10歲的兔子不多見，但現代飼養觀念與醫療普及後，兔子更長命且更健康。大多數的兔子若無病痛地度過8～9歲的階段，則活過10～15歲的機率很大。

● 出生後約兩週。

● 出生後約三週。

● 出生後三十日。

● 成兔三個月以上。

● 成兔兩歲以上。

● 老兔六歲以上。

認識台灣愛兔協會

　　社團法人台灣愛兔協會（Taiwan Rabbit Saving Association；TRSA），是台灣地區以寵物兔議題為主軸的動物公益社團，協會以教育宣導作為出發點，結合產、官、醫、學以及民間兔友的支持力量，凝聚共識並逐步改善目前台灣地區普遍對於寵物兔的錯誤飼養觀念，透過機制改善法令不周的潛在問題。

🐰 堅持教育優先

　　協會目前主要工作為推廣正確飼養觀念並改善舊有錯誤的刻板印象，主動針對幼稚園、國小提供基礎的認識寵物兔教育、與各國中、高中生合作提供生命教育學習與實作服務，期望透過紮根教育來讓青少年們重新體會生命的真諦。

🐰 完善收出養管道

在寵物兔的照顧方面，協會對於願意救援且暫時照顧棄兔的兔友（中途）們，提供了必要的物資補助以及認養平台、籌辦認養會等措施，協助減輕中途們的負擔並提高兔兔曝光與被認養的機會。

🐰 擴大照顧能量

在安置照顧方面，協會於二〇〇九年末成立台北愛兔之家，協助政府收容所內的寵物兔轉介照顧，兔兔在健康復原之後可以找到真正愛牠的新主人。愛兔之家運作以來幾乎是平均每三天一個案的高承擔量在持續服務。但在需求量龐大與急迫等現實因素下，未來將透過專案募款的搬遷計畫來提高收容與安置能量，期望可以服務到更多兔兔，將遺憾個案降到最低。

🐰 愛兔協會教育與宣導

大兔子姐姐教室：種子班、青少年班、成年班、特殊教育

協會志工前進各校園與教育機構，讓小朋友從小就可以認識兔兔並學會尊重生命，種子教育的培養可以讓未來更多人參與動保服務。

愛兔教室課程：初階兔奴新手教室、進階照護課程、志工訓練

針對新手以及想飼養的民眾，協會提供愛兔課程給予民眾入門的課程教育，讓所有飼主在飼養前可以做好基本的飼養前準備。

另外也不定期開設進階飼主教育，提供飼主較深入的病兔照顧教學。

愛兔志工訓練：熱情民眾、非飼主

愛兔協會提供各種志工進修課程，包括基本講習、中途保母訓練、法規討論和專業訓練等，均可以依照自己的喜好和專長進修，進而成為動物保護尖兵。

以認養代替購買

以下是愛兔之家寵物兔的認養流程與須知。

🐰 認養之前，請先確認以下資訊

- ☑ 申請人已年滿二十歲。
- ☑ 申請人擁有獨立且自主的經濟能力。
- ☑ 申請人就是實際照顧寵物兔的飼主。
- ☑ 認養用途僅為寵物陪伴，不得涉及任何商業展售或動物利用。
- ☑ 同意完成晶片植入與寵物登記。
- ☑ 願意全程參與面談與流程。

認養申請流程

領養網址QRcode

Step.1 線上填單

到愛兔協會網站填寫線上認養單，填寫完畢後附上環境照片與其他資料，送出即可！

這裡～

比搶演唱會票還緊張

被退單？

認養是一種責任。不是單純的你要我給的物品交換，請查看相關資格限制。

沒消息？

電子郵件留錯或被歸到垃圾信箱。協會電話無接收簡訊功能，不要用簡訊提問喔。

那就明天見！

Step.2 預約面談

大約七個工作日期間，請等候志工回覆並相約面談時間，依約到訪即可！

Step.3 等待接兔

面談通過時您會收到通知，並與志工相約接兔的時間，等待期間您可以先採購用品與布置兔窩！

便盆　草架　主食草　食盆　飼料

身份證　準時　簽切結　拍照　回家　寵登

Step.4 接兔回家

接兔日請攜帶證件依約準時報到，辦理切結、寵登與拍照後，就可帶兔兔回家囉！

插圖協力　Facebook　皇家瑞比兔學院

認養人常見問題

請問等待領養的兔兔體型都確定了嗎？

A 協會送養的兔兔均為成兔，您所認養的兔兔，無論體型或毛色都已經完全確定，不會有迷你兔變身大巨兔的困擾。

協會都不會有幼兔或小兔送養嗎？

A 很抱歉，協會不提供幼兔或乳兔領養，每隻兔兔都必須結紮且健康狀況無誤後才能送養，送養的兔兔都至少八個月以上。

我可以先指定預約品種，等救援到兔兔時再通知我嗎？

 沒辦法喔，協會的每一隻兔兔都依照規定救援、安置、照顧與開放領養。不會針對特定兔兔做預約或尋找。

協會送養的兔兔健康狀態？

 協會的兔兔每週都有志工帶去醫院固定看診與醫療，基本上會等待兔兔健康狀態沒問題時才開放送養！當遇到殘疾、天生缺陷，或無法根治的兔兔疾病時，協會以終老照顧為主，並只開放給有病理照顧經驗的兔友認養。

送養的兔兔都會結紮嗎？我需要花錢嗎？

 認養協會救援或安置的寵物兔，協會均完成結
紮與康復後才送養，全程不收費用。

認養到政府單位轉介的兔兔時，可以自費委託協
會結紮嗎？

 沒辦法，協會不介入任何醫療行為。

為什麼一定要幫兔兔結紮？

 結紮不只是單純的生育問題，對於兔兔的健康
而言更是重要。幫母兔結紮主可以預防三歲之
後高達七成的子宮腺瘤病變問題。而幫公兔結
紮可杜絕惱人的噴尿行為以及過度的騎乘習
慣，並大幅降低散發的費洛蒙味道，讓飼主的
環境更衛生。

請問領養有所謂的「試養期」嗎？

 很抱歉，為了不讓認養人有投機或有退路的心態，協會沒有所謂的「試養期」，當寵物兔完成認養手續的當時，您就是牠永遠的主人，請勿輕易以任何藉口放棄。

真的因故無法繼續飼養時，怎麼辦？

 可以先到協會網站做認養刊登，幫兔兔爭取未來找新主人的機會，接著可以報名協會主辦的民眾送養會，並帶兔兔到現場參加送養，千萬別任意遺棄或放著不管。若真的別無方法時，則可以委託協會安置與送養（前兩樣先做喔）。委託協會重新送養時，協會會根據認養約定書中規定，向您收取一定金額（視每隻兔兔的狀況而定）的照顧經費，並重新照顧後安排適當時機送養。

請問領養之後，帶回原先的醫療機構就診有額外優惠嗎？

A 很抱歉，當寵物兔完成領養手續後，後續所有的醫療行為都必須由飼主自行負擔，即便帶兔兔回去原先的機構（或醫生）就診，都不會再額外給予優惠。

請問領養協會的兔兔，會送我家具嗎？

A 很抱歉，協會資源相當有限，飼養的相關器材都必須重複持續使用，因此無法將兔兔的家具一併給予認養人。

請問非大台北地區的民眾，認養程序爲何？

 因人力相當有限，中南部以及花東地區的兔友，有意認養協會兔兔時，仍須比照現行作業方式辦理親洽協會面談，本會恕無法提供到府面談送養服務。

領養兔兔都一定要做寵物登記與晶片植入嗎？

 協會自二〇一一年起，所送養的寵物兔都會在新飼主接兔當天，由飼主在現場自行完成寵物登記（農委會寵物登記站），並在志工陪同下完成晶片植入的手續，此爲確保飼主責任以及預防走失，寵物晶片與登記費用依照政府相關規定於施打晶片時直接繳給醫院即可。

兔科醫院資訊

　　基於擴大寵物兔醫療網以及增加寵物兔醫師普及原則，在此
提供寵物兔看診的醫院名單，但並不會做任何主動推薦、評分或
標註優劣等的主觀認定行為，飼主和兔醫師之間的互動與信任應
建立在平時的健診默契中，而非以名氣作為醫療選擇。

　　請兔友們必須肯定所有願意幫寵物兔進行醫療行為的合法獸
醫師，不介入任何非本人與醫院或醫師間的糾紛，亦不鼓勵兔友
隨意轉貼或轉載別人醫療評論（畢竟非親身經歷無法辨別事實與
否）。相信所有兔醫師都是秉持仁愛救助的精神進行醫療行為，
偶發性的意外個案不應該成為封殺或詆毀該醫師或醫院的原因。

● 正確且健康的醫療心態，才會讓兔科醫療資源更長久喔。

寵物兔常見緊急症狀一覽 （有以下徵兆請立即就醫）

☐ **中暑徵兆**　鼻子與下巴處大量分泌液體並沾濕脖子

☐ **脫水徵兆**　皮膚失去彈性，頸後處皮膚拉起來無法彈回或緩慢彈回

☐ **電解質失衡**　抽蓄、無法站立且失去平衡（通常是幼兔）

☐ **拉肚子**　兔子便便呈現弧狀或黏稠狀

☐ **驚嚇緊迫**　眼球大睜且突出，四肢僵硬或癱軟

☐ **歪頭前兆**　眼球出現不自主顫抖、走路不穩摔倒或翻跟斗

☐ **鼻淚管疾病**　眼睛四周潮濕且淚水不止

☐ **疥癬感染**　耳朵、鼻頭、四肢末端出現脫毛、結痂與皮膚裂痕

☐ **黴菌感染**　局部脫毛、毛層中可見小點皮屑或不明粉狀物

☐ **毛球阻塞**　兔便顆粒大小不規則，便便帶有大量毛髮，食慾變差

☐ **腸胃道疾病**　腹部鼓脹、排泄變少，活力差且不吃東西

☐ **關節疾病**　想站卻站不起來、前肢外開、走路一拐一拐

☐ **臼齒凸長**　臉頰或頸部出現腫脹或膿胞、部分會伴隨鼻淚管壓迫產生淚液

🐰 健康的就診心態

醫院誤診了，我可以請協會抵制這家醫院嗎？

　　沒有人會願意發生這樣的事情。尤其是醫生，沒有人會願意或故意讓誤診的事情發生在自己的病人身上。在就診方面，兔兔跟人一樣都是單一個體，每隻的狀況都會有所不同，所以最了解自己兔兔的身體和反應行為的，就是飼主自己本身。

　　請在就診時，詳細說明觀察兔兔行為和反應時的異常，您的每一份紀錄和細節的提供，都有助於醫生對於兔兔的治療。在治療期間，也請配合治療及觀察兔兔是否好轉，通常短期的治療約二～三天即可見成效，若超過三天狀況依舊沒有好轉，也請請教有經驗的兔友，再斟酌是否轉院。

　　若是發生誤診，也請以寬容的心態看待，並再轉診至另外一家醫院就診。與其花時間和院方爭吵，請搶時間醫療兔兔並把握黃金關鍵期。

我可以上網控訴誤診行為嗎？

　　當發生疑似誤診行為時，除非你已經有了確切證據（最好是有其他醫生願意作證）或是醫生已經向您承認疏失，否則請兔友不要任意上網批評或攻擊醫院或醫生（因為你沒有絕對證據來判定到底是不是誤診），如此行為輕則引起不必要的爭議，重則會讓自己官司纏身。就協會接觸過的各院以及各醫師中，根本不會有醫師願意誤診或是故意要陷害兔兔，許多原本願意從事兔科醫療的年輕醫師，大部分在兔友（尤其是資深兔友）不斷的「盛情」批評與指教之下，放棄了原本熱愛的寵物兔研究與醫療，這也是讓兔科資源不斷流失的原因。

寵物兔醫療緊急聯絡地圖

桃竹苗地區 艾諾動物醫院 (03) 577-5899
欣欣動物醫院 (03) 350-0683
康淇動物醫院 (03) 427-8606
全育動物醫院 (03) 561-4316

中彰投地區
侏儸紀野生動物專科醫院 (04) 2202-8717
全國動物醫院　(04) 2371-0496
全國七期分院　(04) 2471-2853
艾利動物醫院　(04) 2258-9518
瑞比動物醫院　(04) 2238-6609
羅大宇動物醫院 (04) 2372-8378
達爾文動物醫院 (04) 2326-2759
國立中興大學 獸醫學院 (04) 2284-0405

雲嘉南地區
齊恩動物醫院　(05) 228-4006
嘉樂動物醫院　(05) 2773122
上哲動物醫院　(05) 223-1500
人愛動物醫院　(06) 269-2028
邦尼動物醫院　(06) 202-8112
廣慈動物醫院　(06) 228-8126
啄木鳥動物醫院 (06) 350-5902

高高屏地區
亞幸動物醫院 (07) 726-5577
立康動物醫院 (07) 235-3057
慈愛九如分院 (07) 387-1966
中興動物醫院 農十六分院　(07) 550-3532
蓋亞野生動物專科醫院 (07) 392-9353
肯亞動物專業醫院 (07) 710-5150

新北市地區（含基隆）
祐康獸醫院　　(02) 2258-1755
剛果動物醫院　(02) 8665-5702
快樂動物醫院　(02) 2908-8772
聖安動物醫院　(02) 2277-6711
明佳動物醫院　(02) 2943-3709
板新動物醫院　(02) 2969-5866
同伴動物醫院　(02) 2929-5098
小太陽動物醫院 (02) 2427-7664
獴獴加動物醫院 (02) 2979-2232
馬達加斯加動物醫院 (02) 8259-5001

台北市地區
全國動物醫院　(02) 8791-8706
台大動物醫院　(02) 2739-6828
芝山動物醫院　(02) 2832-8385
亞馬森動物醫院 (02) 8792-3248
古亭動物醫院　(02) 2369-3373
安庭動物醫院　(02) 2392-3655
汎亞動物醫院　(02) 2882-6655
諾亞動物醫院　(02) 2564-2121
聖地牙哥醫院　(02) 2364-3458
劍橋動物醫院　(02) 8866-5889
長宏動物醫院　(02) 2567-8939
惟新動物醫院　(02) 8502-3725
不萊梅特殊寵物專科醫院　(02) 2599-3907
伊甸動物醫院　(02) 85092579

宜花東地區
蕙康動物醫院 (03) 835-2122
中華動物醫院 (03) 833-5123
向日動物醫院 (089) 342-501
高橋動物醫院 (03) 835-8792

※ 各院資訊若有錯誤，請隨時聯繫協會修正之
2017.03修訂之

醫療叮嚀
＊本表僅供兔友緊急查詢使用，表列單純為網路蒐集，並非協會推薦或合作。
＊各院醫療品質，兔友需自行上網參與討論或搜尋，協會不主動推薦任何醫院。
＊飼主與醫師間的信任應建立在平時的健診中，緊急時刻才首次就醫，則醫療品質自然會打折扣。

致 謝

　　本書「愛兔飼育照護大百科」的內容可以如期完成，這並非一朝一夕之功，也不是靠翻譯或網路搜集而來，所有圖文都是五年多來台北市愛兔協眾志工們歷經900多個寵物兔照顧案例、並與各兔科醫師合作逐一拍照攝影與紀錄所完成的經驗總累積，內容包含了基礎認識、照顧經驗、專業醫療、動保認識等等必要資訊，可以說是一本土生土長在地化也最適合台灣飼養環境的兔兔工具書。

　　除了愛兔協會褓姆與志工之外，特別感謝全國動物醫院台北分院、台大動物醫院、安庭動物醫院、劍橋動物醫院、古亭動物醫院、聖地牙哥動物醫院、亞馬森動物醫院、汎亞動物醫院、諾亞動物醫院、長宏動物醫院、明佳動物醫院、獴獴加動物醫院、馬達加斯加動物醫院、聖安動物醫院、快樂動物醫院、全國動物醫院台中總院、侏儸紀野生動物專科醫院、羅大宇動物醫院、達爾文動物醫院、邦尼動物醫院、啄木鳥動物醫院、亞幸動物醫院、蓋亞動物醫院、阿宅動物醫院、和欣動物醫院等兔科醫院（以上醫院為北中南排序）與兔科醫師們在各自的專長領域給予協會必要與適時的專業協助。

更感謝五年來一路在議題上給予支持相挺的各界朋友們，包括了關懷生命協會、台灣SPCA協會、台灣貓狗人協會、台灣動物平權協會、台北市流浪貓保護協會、台北市動保處長嚴一峰、台北市寵物公會理事長楊靜宇、藝人蘿莉塔、主持人黃以安等等，其中台北寵物用品展之主辦單位——中華民國寵物食品及用品商業同業公會理事長鄒嵩棣以及展昭國際企業股份有限公司，更是長期協助各動物團體，在公益的議題上不遺餘力。有了各界朋友們的支持，得以讓愛兔協會所期盼的犬貓以外友善動物議題開始被社會重視。

未來展望

由於飼養寵物兔的民眾數逐年增加，飼主群與社會的互動也開始趨於活絡，目前也正是兔子在台灣建立「寵物與同伴動物」地位的重要時刻，讓兔子在台灣人心中揮別過去單純的食用與經濟用等狹隘範疇，朝向更與人親近的同伴動物地位邁進，未來之路的挑戰與任務都會更加漫長，期盼各界持續共同努力。再次感謝。

台灣兔の會
愛・兔・協・會　台・灣
www.loverabbit.org

國家圖書館出版品預行編目資料

愛兔飼育照護大百科 / 社團法人台灣愛兔協會著.
-- 初版 . -- 臺中市：晨星，2015.07
面；　公分 . -- (寵物館；35)
ISBN 978-986-177-798-6 (平裝)
1. 兔 2. 寵物飼養

437.374　　　　　　　　　　　　　102024067

寵物館 35

愛兔飼育照護大百科

作者／繪者	社團法人台灣愛兔協會
主編	李俊翰
校對	黃幸代
內頁設計	林姿秀
封面設計	黃聖文

創辦人	陳銘民
發行所	晨星出版有限公司
	407台中市西屯區工業30路1號1樓
	TEL:(04)23595820　　FAX:(04)23597123
	行政院新聞局局版台業字第2500號
法律顧問	陳思成律師
初版	西元2015年07月01日
	西元2020年03月10日（三刷）

總經銷	知己圖書股份有限公司
	106台北市大安區辛亥路一段30號9樓
	TEL：02-23672044 / 23672047　FAX：02-23635741
	407台中市西屯區工業30路1號1樓
	TEL：04-23595819　FAX：04-23595493
	E-mail：service@morningstar.com.tw
	網路書店：http://www.morningstar.com.tw

郵政劃撥	15060393 （知己圖書股份有限公司）
讀者專線	02-23672044
印刷	上好印刷股份有限公司

定價399元

ISBN 978-986-177-798-6

Published by Morning Star Publishing Inc.
Printed in Taiwan

請填妥後對折裝訂，貼妥郵票後寄出即可

407
台中市工業區30路1號

晨星出版有限公司
寵物館

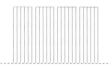

請沿虛線摺下裝訂，謝謝！

更方便的購書方式：

(1) 網站：http://www.morningstar.com.tw
(2) 郵政劃撥　帳號：15060393
　　　　　　　戶名：知己圖書股份有限公司
　　請於通信欄中註明欲購買之書名及數量
(3) 電話訂購：如為大量團購可直接撥客服專線洽詢

◎ 如需詳細書目可上網查詢或來電索取。
◎ 客服專線：02-23672044　傳真：02-23635741
◎ 客戶信箱：service@morningstar.com.tw